Sabarna Roy
Rajat Chowdhury
Basanta Bera

Artykuły dotyczące żelaznych rurociągów sferoidalnych

Sabarna Roy
Rajat Chowdhury
Basanta Bera

Artykuły dotyczące żelaznych rurociągów sferoidalnych

i umowy ramowej Metodologia

Wydawnictwo Bezkresy Wiedzy

Cover image: www.ingimage.com

Publisher:
Wydawnictwo Bezkresy Wiedzy
is a trademark of
International Book Market Service Ltd., member of OmniScriptum Publishing Group
17 Meldrum Street, Beau Bassin 71504, Mauritius

Printed at: see last page
ISBN: 978-620-0-54339-4

Drogi czytelniku,

książka, którą posiadasz, została pierwotnie wydana pod tytułem " Articles on Ductile Iron Pipelines and Framework Agreement Methodology", ISBN 978-613-8-91928-5.

Jego publikacja w języku polskim jest możliwa dzięki zastosowaniu najbardziej zaawansowanej sztucznej inteligencji dla języków.

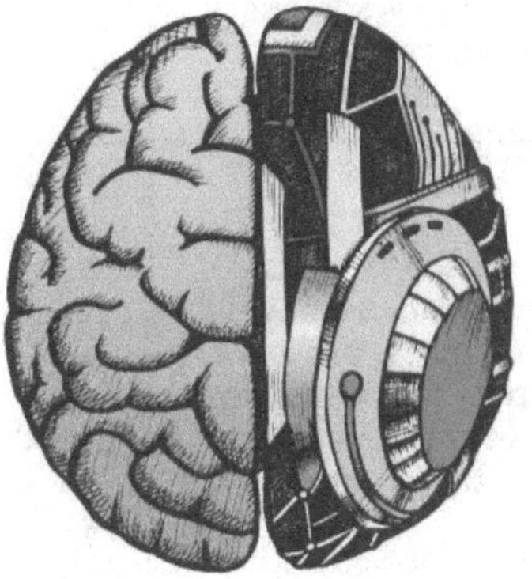

Technologia ta, uhonorowana pierwszą w historii Honorową Nagrodą Sztucznej Inteligencji w Berlinie we wrześniu 2019 r., naśladuje sposób działania ludzkiego mózgu, dzięki czemu jest w stanie uchwycić i przetłumaczyć nawet najmniejsze niuanse w bezprecedensowy sposób.

Mamy nadzieję, że znajdą Państwo wiele satysfakcji z tej książki i uprzejmie prosimy o uwzględnienie wszelkich rozbieżności językowych, które mogłyby wyniknąć z tego procesu.

Miłego czytania!

Wydawnictwo Bezkresy Wiedzy

Indeks

Sl. Nie.	Tytuł referatu	Dziennik nr.	Opublikowane z tej okazji	Autorzy	Strona Numer
			organizowanej przez ICID		
5	RUROCIĄG Z ŻELIWA SFEROIDALNEGO - SYSTEM POŁĄCZEŃ SKRĘCANYCH I PROCEDURA UKŁADANIA/ŁĄCZENIA NA STROMYCH ZBOCZACH / PAGÓRKOWATYM TERENIE		Całe Indie Seminarium "Możliwości i wyzwania w zakresie zaopatrzenia w wodę i systemu kanalizacji" zorganizowane przez IWWA w Dehradun 13 października 2019 r.	1. Sabarna Roy 2. Rajat Chowdhury	81-97
6	STUDIUM PRZYPADKU DOTYCZĄCE PODZIEMNEJ SIECI DYSTRYBUCJI RUROCIĄGÓW		XIII Światowy Kongres Aqua 2019, październik	Sabarna Roy	98-107
7	WYKONALNOŚĆ OCZYSZCZONEJ WODY Z OCZYSZCZALNI ŚCIEKÓW DO WYKORZYSTANIA W NAWADNIANIU Z ODPOWIEDNIM SYSTEMEM TRANSPORTOWYM		Międzynarodowa konferencja na temat gospodarki wodnej w ramach projektu National Hydrology w 2019 r., listopad.	Sabarna Roy	108-120
8	REFERAT TECHNICZNY W SPRAWIE METODYKI ZAWIERANIA UMÓW RAMOWYCH DOTYCZĄCYCH ZAMÓWIEŃ PUBLICZNYCH STOSOWANEJ W UNII EUROPEJSKIEJ, KTÓRA DECYDUJE O SKŁADANIU OFERT NIE NA PODSTAWIE NAJNIŻSZEJ CENY, LECZ NA PODSTAWIE OFERTY NAJKORZYSTNIEJSZEJ EKONOMICZNIE, BIORĄC POD		2nd International Conference On "Frontiers of Operations Research & Business Studies (FORBS 2019)" zorganizowana przez Calcutta Business School we współpracy z Operational Research Society of India, Durgapur Chapter,	1. Sabarna Roy 2. Basanta Bera	121-128

Sl. Nie.	Tytuł referatu	Dziennik nr.	Opublikowane z tej okazji	Autorzy	Strona Numer
	UWAGĘ KALKULACJĘ KOSZTÓW CYKLU ŻYCIA		opublikowana w grudniu 2019 r.		
9	REFERAT TECHNICZNY ON POJAWIAJĄCE SIĘ WYZWANIA W ZAKRESIE SIECI DYSTRYBUCJI RUR PROJEKTY IRYGACYJNE		Konferencja na temat nawadniania w Indiach zorganizowana przez Indie Infrastruktura w Taj Deccan, Hajdarabad, 19 grudnia 2019 r.	Sabarna Roy	129-134

I. STUDIUM PRZYPADKU DOTYCZĄCE PRZEBUDOWY SYSTEMU KANALIZACYJNEJ SIECI NAWADNIAJĄCEJ NA SYSTEM RUR CIŚNIENIOWYCH ZINTEGROWANY Z INSTALACJĄ SOLARNĄ W STANIE PRADESH UTTAR, INDIE

Autorzy:

1. Sabarna Roy
   Senior Vice President (Business Development),
   Electrosteel Castings Limited,
   G. K. Tower,
   19, Camac Street,
   Kolkata - 700017.
   Email: sabarnaroy@electrosteel.com

2. Rajat Chowdhury
   Sr. Executive (Business Development),
   Electrosteel Castings Limited,
   G. K. Tower,
   19, Camac Street,
   Kolkata - 700017.
   Email: rajat.chowdhury@electrosteel.com

ABSTRACT

Projekt irygacyjny Badaun został opracowany wiele lat temu przez rząd Uttar Pradesh na podstawie Canal Based Irrigation Network. Projekt nie mógł zostać ukończony w ciągu tylu lat, z wyjątkiem większości części Kanału Głównego, która również znacznie zwiększyła koszty projektu i po znacznych opóźnieniach wynikających z nabycia gruntów i wielu innych związanych z tym problemów, ale żaden z kanałów odgałęziających, w tym kanały dystrybucyjne, nie mógł zostać ukończony.

Kanał oddziałowy w Champatpur wraz z jego dystrybutorami jako taki został przejęty na bazie sieci nawadniania za pomocą rur ciśnieniowych, biorąc pod uwagę korzyści wymienione w podręczniku PIN Centralnej Komisji Wodnej rządu Indii z lipca 2017 r. Projekt został zaprojektowany zgodnie z instrukcjami rządu UP, przyjęcie nowoczesnego systemu nawadniania proponuje się zraszać pod ciśnieniem nawadniania zintegrowanego z Roślinami Słonecznymi z systemu gałęzi Champatpur, dzięki czemu nawadnianie może być wykonane na większej ilości obszarów z mniejszą ilością wody.

W dokumencie omówiono szczegółowo aspekty projektowe, wszystkie koszty i koszty porównawcze, które pomogą inżynierom na progu konwersji sieci nawadniania kanałowego na sieć nawadniania ciśnieniowego.

1. WPROWADZENIE

Projekt irygacyjny Badaun (obecnie znany jako Aonla Sprinkler Irrigation System w dystrykcie Bareilly w UP, Indie) został opracowany wiele lat temu przez rząd Uttar Pradesh w ramach Canal Based Irrigation Network. Projekt nie mógł zostać ukończony w ciągu tylu lat, z wyjątkiem większości części Kanału Głównego, która również znacznie zwiększyła koszty projektu i po znacznych opóźnieniach wynikających z nabycia gruntów i wielu innych związanych z tym problemów, ale żaden z kanałów odgałęziających, w tym kanały dystrybucyjne, nie mógł zostać ukończony.

Kanał oddziałowy w Champatpur wraz z jego dystrybutorami jako takimi został przejęty na bazie sieci nawadniania za pomocą rur ciśnieniowych, biorąc pod uwagę korzyści wymienione w podręczniku PIN Centralnej Komisji Wodnej rządu Indii z lipca 2017 r., które są następujące:-

i. Ponieważ większość instalacji rurowych znajduje się pod ziemią, problemy z prawidłowym przebiegiem trasy są znacznie ograniczone, co pozwala na bardziej bezpośredni i racjonalny wybór układów. Ponieważ położenie wylotu nie jest ograniczone przez topografię, systemy rurowe są w stanie lepiej dostosować się do istniejących schematów własności gruntów przy minimalnych zakłóceniach w porównaniu z nowym rozwojem nawadniania z wykorzystaniem CDN.
ii. Konstrukcje Cross Drainage i Cross Masonry (komunikacja) mogą być pominięte lub zminimalizowane.
iii. Prace nawadniające stają się przeszkodą w swobodnym odprowadzaniu wody w porze deszczowej, a tym samym skutkują zanurzaniem się upraw stojących, a nawet wsi.
iv. Brak uszkodzeń spowodowanych silnymi opadami deszczu lub powodzią podczas monsunu.
v. Bardziej odpowiednia opcja dla obszarów zagrożonych powodzią.
vi. Nie ma przeszkód w przemieszczaniu się do rolników i sprzętu rolniczego.
vii. Wzrost CCA w porównaniu z kanałami, ponieważ straty wody są znikome, a pozyskane grunty pod sieć kanałów mogą być również wykorzystane pod uprawę, ponieważ Sieć Rurociągów Nawadniających jest pod ziemią.
viii. Lepsza opcja dla pofałdowanych pól.
ix. Ze względu na krótsze czasy przepływu wody od źródła do pola, mniejsze straty na tłoczeniu i mniejsze ilości wody w systemie tłoczenia, systemy rurowe mogą dostarczać wodę, która jest bardziej elastyczna zarówno pod względem czasu trwania, jak i czasu, w sposób uniemożliwiający CDN, co umożliwia intensyfikację i dywersyfikację w kierunku upraw o wyższej wartości.
x. Skrócenie czasu wykonania kodu PIN w porównaniu z CDN.
xi. Istotne cele w zakresie modernizacji systemów irygacyjnych i zarządzania cyfrowego zostaną osiągnięte, gdy woda będzie dostarczana za pośrednictwem sieci wodociągowej.
xii. W przypadku kanałów, bagien i stawów spowodowanych nadmiernym przesiąkaniem, z czasem stają się koloniami komara, co prowadzi do chorób przenoszonych przez wektory i można to zminimalizować przyjmując Sieć Nawadniającą Piped. Dalsze zasolenie i pozyskiwanie wody może zostać zredukowane.
xiii. Wzrost wydajności projektu sieci wodociągowej wynosi około 20% w porównaniu z CDN.
xiv. Nawozy/chemikalia mogą być również mieszane z wodą.
xv. Ilość wody dostarczanej przez Piped Irrigation Network jest łatwa do zmierzenia; dzięki temu można dokładnie zmierzyć audyt wody.

2. PREAMBUŁA DO SYSTEMU NAWADNIANIA ZRASZACZAMI AONLA W OKRĘGU LEDWIE W GÓRĘ, INDIE

Obecnie w kanałach Tehsil Sadar i Tehsil Aonla z dystryktu Bareilly oraz Tehsil Dataganj z dystryktu Badaun, położonych między rzekami Ganges i Ramganga, nie ma żadnych obiektów do nawadniania. Nawadnianie zależy tu głównie od wody gruntowej i deszczowej. Przez ostatnie kilka lat większość dzielnicy Badaun jest nawadniana przez studnie rurowe. Z tego powodu sytuacja w zakresie poziomu wód gruntowych jest bardzo zła w większości rejonów Badla i Bareilly w Aonla Tehsil, które często nie zapewniają większości urządzeń do nawadniania studni rurowych ze względu na zły poziom wód gruntowych w lecie. Projekt irygacyjny został obecnie przygotowany w celu zapewnienia instalacji nawadniających dla upraw Kharif z kanałów na tym obszarze. W ramach projektu powierzchnia dowodzenia brutto wynosi 66877 ha, powierzchnia użytków rolnych wynosi 53504 ha, a właściwa i pewna powierzchnia nawadniania upraw Kharif wynosi 37453 ha (70% CCA). Zalecana wielkość zrzutu na potrzeby planowania projektu w zakresie czystej hydrologii przez Centralną Komisję Gospodarki Wodnej wynosi 1: 100 litrów 10900 m3/sek. i 1: 500 z łącznej ilości 13940 m3/sek.

W ramach projektu Badaun Irrigation oddział Champatpur wyłania się z linii brzegowej w odległości 4 800 km od głównego kanału. Długość odnogi Champatpur wynosi 34,00 km, a długość jej Rajwaha i Alpi około 163,00 km. Zrzut głowicy oddziału w Champatpur proponuje się na 23 m3/sek. (812,13 ft3/sek.), CCA 21248 ha i PPA 14874 ha.

Zgodnie z instrukcjami rządu UP, przyjęcie nowoczesnego systemu nawadniania proponuje się jako nawadnianie zraszaczami pod ciśnieniem systemu gałęziowego Champatpur. Dzięki temu można nawadniać więcej obszarów z mniejszą ilością wody.

Zgodnie z powyższą instrukcją został przygotowany projekt nawadniania zraszaczami systemu Champatpur Branch. Projekt został zaprojektowany z wykorzystaniem rurociągu z żeliwa sferoidalnego dla całego systemu odgałęzień Champatpur w projekcie, który proponuje się układać na linii głównej i podrzędnej.

3. PODSUMOWANIE MIGAWKI SYSTEMU NAWADNIANIA ZRASZACZY AONLA W DZIELNICY LEDWO CO - PROJEKT I SZACUNKI ORAZ PORÓWNANIE Z SYSTEMEM SIECI NAWADNIANIA OPARTYM NA KANAŁACH

3.1 Układ T-diagramu

T-diagramowy układ proponowanego projektu Kanału w Champatpur w ramach Projektu Nawadniania Badaun jest przedstawiony na Rys. 1 poniżej. Odcieniowana część nieba na schemacie to Oddział Champatpur projektu nawadniania Badaun (obecnie znany jako Aonla Sprinkler Irrigation System w dzielnicy Bareilly).

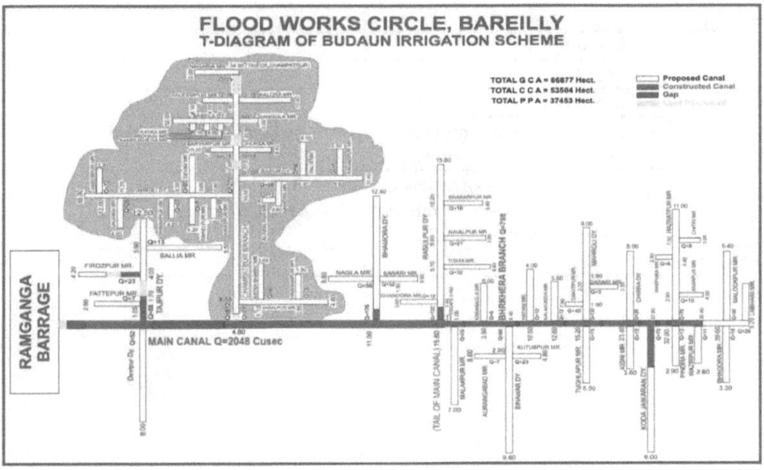

Rysunek 1. T-diagram zaproponowanego projektu kanalizacyjnego oddziału w Champatpur w ramach projektu irygacyjnego Badaun (obecnie znanego jako Aonla Sprinkler Irrigation System in district Bareilly).

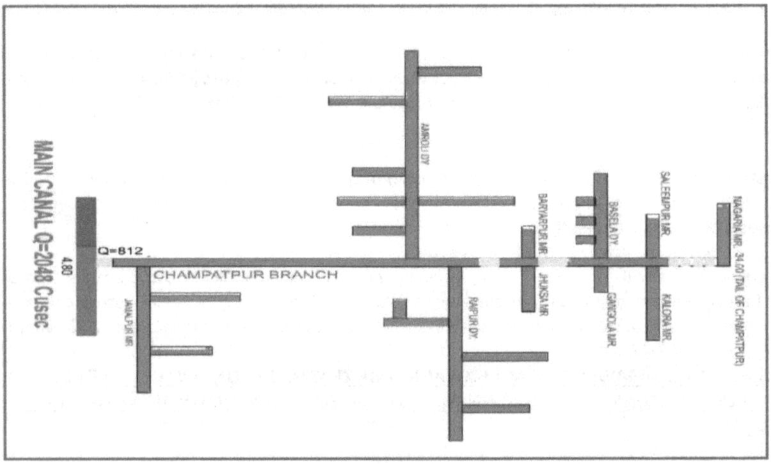

Rysunek 2. T-diagramowy układ proponowanego projektu Kanału dla oddziału Champatpur (obecnie znanego jako Aonla Sprinkler Irrigation System w dzielnicy Bareilly).

3.2 Istotne cechy projektu w projektowaniu opartym na rurach

Tabela 1. Dane dotyczące lokalizacji systemu nawadniania Aonla Sprinkler Irrigation System.

Lokalizacja	
Państwo	Uttar Pradesh (Indie)
Okręg (s)	Bareilly & Badaun
Tehsils	Aonla, Badaun, Dataganj
Lokalizacja	0,5 km d/s mostu drogowego na Bareilly- Badaun SH-33 i około 10 km na południe od miasta Bareilly.
Najbliższa główka szyny	i. Stacja Ramganga na linii Chandausi- Bareilly loop. ii. Zaledwie 10 km od miejsca realizacji projektu znajduje się węzeł komunikacyjny.
Najbliższe lotnisko	15 km

Tabela 2. Szczegóły schematu rurociągu systemu nawadniania Aonla Sprinkler Irrigation System.

Kanał główny	
Długość	15,6 km
Szerokość łóżka	30 m na głowie
Głębokość wody	2,20 m na głowie
Łóżko Slope	15 cm/km
Absolutorium	56 m3/sek. do wyrzutnika mułów i 51 m3/sek. po tym czasie.
Podszyte/nieodszyte	0,3 km okładzin,15,3 km bez okładzin
Oddziały - Oddział w Champatpur	
Odbiór głównego kanału w km.	4,800 km od lewego brzegu
1. Length2 . Zrzut głowy 3. Stok łóżka 4. Obciążenie kanału na 1000 akrów 5. Elektrownia słoneczna	34,00 km23 m3/sek. zgodnie z projektem 7 ft3/sek. 16,82 MW
Proponowane obszary w ramach programu	
Obszar dowodzenia brutto (GCA) Kulturowy obszar dowodzenia (PPA)	25841 ha18001 ha
Całkowity koszt projektu (rok bazowy 2018-19)	INR 8578 mln
Koszt/hektar	INR 0,477 miliona na hektar.
Stosunek korzyści do strat	1.9:1

3.3 Streszczenie kosztów projektu

Tabela 3. Streszczenie kosztów projektu (bez kosztów terenowej sieci dystrybucji)

Sl. Nie.	ITEM	KOSZT (W MLN INR)
1	Wstępnie	43.56
2	Ziemia	103.59
3	Prace	
A	Rurociągi - sieci	2965.05
B	Rurociągi - Pod-rurociągi	1637.48
C	Koszt energii słonecznej	629.18
	Koszt całkowity z wyłączeniem GST =	**5378.86**
	Dodaj SGST @ 6% =	322.73
	Dodaj CGST @ 6% =	322.73
	Koszt całkowity wraz z GST =	**6,024.32**
	Dodaj opłatę centową @ 6.875% =	414.17
	Cess pracy @ 1% =	60.24

	Add 5% Contingency Rs. =	301.22
	Dodaj 5% eksploatacji i konserwacji przez 5 lat Rs. =	301.22
	Dotacja Ogółem =	**7101,2 mln**

Tabela 4. Streszczenie kosztów projektu (wraz z kosztami terenowej sieci dystrybucji)

Sl. Nie.	**ITEM**	**KOSZT (W MLN INR)**
1	Wstępnie	43.560
2	Ziemia	103.59
3	Prace	
A	Rurociągi - sieci	2965.05
B	Rurociągi - Pod-rurociągi	1637.48
C	Koszt terenowej sieci dystrybucji	1,118.63
D	Koszt energii słonecznej	629.18
	Koszt całkowity z wyłączeniem GST =	6497.49
	Dodaj SGST @ 6% =	389.85
	Dodaj CGST @ 6% =	389.85
	Koszt całkowity wraz z GST =	**7277.19**
	Dodaj opłatę centową @ 6.875% =	500.31
	Cess pracy @ 1% =	72.77
	Add 5% Contingency Rs. =	363.86
	Dodaj 5% eksploatacji i konserwacji przez 5 lat Rs. =	363.86
	Dotacja Ogółem =	**8578 milionów**

3.4 Uwzględnienie stawek

1. **Stawki za cięcie, karczowanie, roboty ziemne - wykopy, zasypywanie itp. pochodzą z Construction Division SOR w Bareilly, Uttar Pradesh.**
2. **Stawki za dostarczanie, opuszczanie, układanie, wyrównywanie, mocowanie w pozycji i łączenie rur są uwzględniane poprzez ocenę stawek rynkowych.**
3. **Stawki zaworów zasilających i mocujących, siłowników, przepływomierzy i zabezpieczeń przeciwprzepięciowych, w tym bloków oporowych i SCADA do pracy w poszczególnych pompowniach aż do sieci zasilającej/podciążającej, budowy bloku oporowego, komór zaworowych, kanałów ewakuacyjnych itp. są przyjmowane jako @ 4,0% kosztów rur.**
4. **Stawki za budowę obiektów dla przejść nalla, przejść drogowo-kanałowych przez syfonowanie lub przez budowę cokołów, dróg dojazdowych do zaworów itp. są przyjmowane jako @ 3,0% kosztów sieci rur.**
5. **Współczynniki zasilania i instalacji pomp i silników dla 1,5-krotnego zapotrzebowania na moc do podnoszenia wody są przyjmowane jako @ INR 25,000 na kw zapotrzebowania na moc, włączając w to wszystkie prace hydroelektromechaniczne zgodnie z analizą rynkową.**
6. **Stawka dopłat do plonów i gruntów wynosi 0,2 mln/ha, podczas gdy średnia stawka za nabycie wynosi 12,5 mln/ha.**

3.5 Kryteria projektowania

1. Koszt ten jest szacowany dla GCA 25841,64 ha i CCA 18001,30 ha.
2. Obciążenie kanału jest obliczane przy 7 ft3/sek na 1000 akrów.
3. Do tego oszacowania włączono przepisy dotyczące dwustopniowego układu odmulania przy ujściu rurociągu ciśnieniowego oraz układu filtracji na poziomie podczaka/cyfry. W zależności od zmierzonego obciążenia mułem i analizy wielkości ziaren zostaną ustalone ostateczne ustalenia dotyczące odsączania/ filtrowania.
4. Całkowite roczne zapotrzebowanie na moc w ramach programu wynosi 16,82 MW.
5. Moc Elektrowni Słonecznej będzie wynosić 20 MW.
6. Aktualnie do celów szacunkowych wykonano planowanie celowe na czakach próbnych o wielkości około 70 ha.
7. Kryteria projektowe dla rurociągu zostały przyjęte na podstawie wytycznych CWC.

3.6 Wzór upraw

Wybór rodzaju upraw zależy od ilości i okresu dostępności opadów/wody. W latach dobrych, dobrze rozłożonych opadów deszczu duża powierzchnia jest pokryta uprawami kharifu, podczas gdy w latach późnych opadów deszczu wykorzystuje się uprawy rabi. Jest to projekt dla Kharif Irrigation, a w Kharif obecnie Maze, Paddy, Pulses, nasiona roślin oleistych są przedstawione w tabeli 5 poniżej.

Tabela 5. Wzór upraw

Sl. Nie.	Kharif Crop	Nawadnianie Intensywność w procentach
1	Paddy	20.0 %
2	Impulsy	15.0 %
3	Kukurydza	10.0 %
4	Nasiona roślin oleistych	15.0 %
5	Sugarcane	20.0 %
Razem =		**80.0 %**

Łączny CCA projektu - 18001,30 ha.
Proponuje się ICA projektu dla Sezonu Kharif - 14401,04 ha.

Dodatek wodny na zaprojektowanie kompletnego systemu nośnika wody z uwzględnieniem wszystkich strat został obliczony dla CCA 18001,30 ha, w oparciu o szczytowe miesięczne zapotrzebowanie na wodę w uprawach wynosi 7 ft3/sek na 1000 akrów.

Uwaga:
Intensywność nawadniania jest to procentowy udział powierzchni uprawnej przeznaczonej do nawadniania w sezonie upraw lub w ciągu roku. Intensywność nawadniania upraw może być większa niż 100%.

3.7 Plan rozmieszczenia podpór

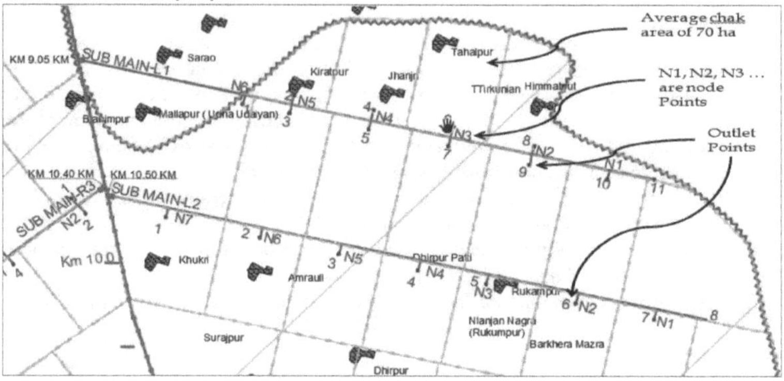

Rysunek 3. Plan rozmieszczenia części składowych systemu nawadniania Aonla Sprinkler Iraigigation System.

Układ został zaprojektowany z uwzględnieniem średniej wielkości czaka 70 ha, tzn. zrzut z jednego wylotu (N1, N2... na rysunku 3) może nawadniać 70 ha terenu, a punkt hydrantowy jest zapewniony na każdym 4,0 ha subczaku. Zaleca się, aby punkt wylotowy znajdował się na granicy khasry w obszarze środkowym w podszczepie.

3.8 Szczegóły dotyczące rurociągu

W celu efektywnej dystrybucji wody proponuje się podzielenie całego polecenia na dwa podobszary zasilane za pomocą dwóch głównych rurociągów. Proponuje się, aby te podobszary były dalej zasilane z pomocą podobszarów mains/Laterals. Cała sieć została zaprojektowana w oparciu o koncepcję skapitalizowanego kosztu rury i agregatu pompowego wraz z mocą potrzebną do obsługi agregatu pompowego. Rurociąg został zaprojektowany na zasadzie teleskopowej, tzn. zwiększającej się w kierunku zasięgu głowicy w zależności od wzrostu natężenia przepływu. Zgodnie z projektem rury wymagane dla linii głównych, rury z żeliwa sferoidalnego spełniające wymagania normy IS 8329: 2000 oraz rury ze stali miękkiej spełniające wymagania normy IS 3589: 2001 są proponowane do stosowania w instalacjach głównych i drugorzędnych, wraz z wymaganymi specjalnościami, zaworami itp.

Proponuje się, aby sieć rurociągów/rurek poza punktem wyjścia była wykonana z rur HDPE. Rury potwierdzające przynależność do IS 4984: 1995 proponuje się stosować do dostarczania wody do kultywatorów poprzez hydrant dostarczany na powierzchni podszczytowej 4,0-5,0 ha.

1. **RD 0,00 M do 1500,0 M Feeder**
Od RD 0 do 1,5 km ziemi już nabytej w wystarczającej szerokości, dlatego ekonomiczna byłaby budowa tego zasięgu jako otwartego kanału grawitacyjnego.

2. **RD 1500,00 M do ogona**
W przypadku pozostałej części zasięgu zaproponowano rurociągi MS/DI, które mają przenosić wodę aż do punktu poboru w proponowanych podobszarach. Patrząc na przydatność operacyjną,

proponuje się ułożenie dwóch oddzielnych sieci zasilających do zasilania komendy znajdującej się odpowiednio po lewej i prawej stronie Main.

(i) Lewa strona (RD 1500 M do 34000 M):

Od RD 1500 metrów do 24000 metrów planowany jest jeden rurociąg MS płynący pod ciśnieniem, przeznaczony do zasilania dowództwa znajdującego się po lewej stronie magistrali. Wewnętrzna średnica rur waha się od 1300 mm do 2100 mm.

Od RD 24000 metrów do 34000 metrów planowany jest jeden ciśnieniowy rurociąg DI, który ma zasilać resztę komendy znajdującej się po lewej stronie Main. Średnica nominalna rur waha się od 700 mm do 1200 mm.

Od lewej strony magistrali około dwunastu podsieci o różnej wydajności i głowicy zgodnie z wymaganiami projektowymi, pobór przy różnych RD magistrali.

(ii) Prawa strona (RD 1500 M do 35100 M):

Od RD 1500 metrów do 21850 metrów planowany jest jeden rurociąg MS płynący pod ciśnieniem, przeznaczony do zasilania dowództwa znajdującego się po prawej stronie magistrali. Wewnętrzna średnica rur waha się od 1400 mm do 1700 mm.

Od RD 21850 m do 35100 m planowany jest jeden rurociąg MS płynący pod ciśnieniem, który ma zasilać resztę komendy znajdującej się po lewej stronie magistrali. Średnica nominalna rur waha się od 200 mm do 1200 mm.

Po prawej stronie magistrali około czternastu podsieci o różnej wydajności tłoczenia i wysokości podnoszenia zgodnie z wymaganiami projektowymi, pobór przy różnych RD magistrali. Na podstawie odpowiednich dostępnych/przewidzianych danych z badań zaplanowano dostosowanie proponowanej sieci rurociągów.

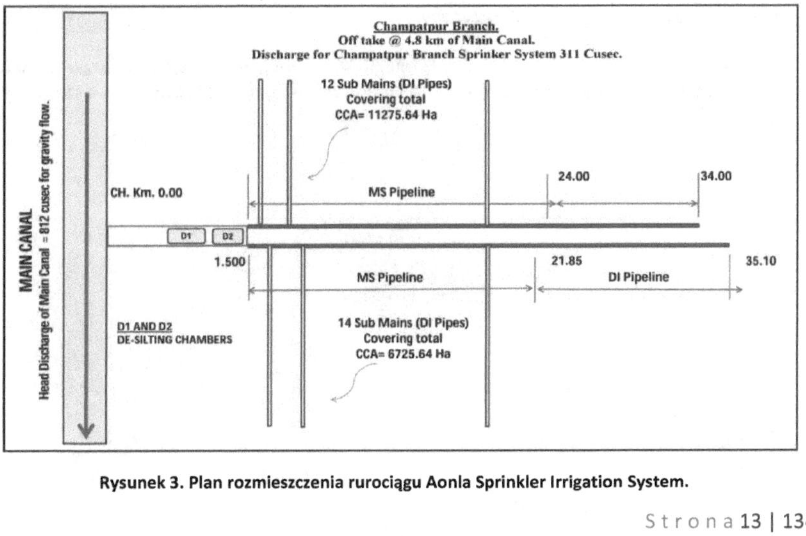

Rysunek 3. Plan rozmieszczenia rurociągu Aonla Sprinkler Irrigation System.

3.9 Eksploatacja i konserwacja

1. *Układ tłumiący*: W tym szacunku uwzględniono dwustopniowy układ odmgławiania przy ujściu rury ciśnieniowej oraz układ filtracji na poziomie podczaka / wykopów.
2. *Diggies & Pump Rooms: Nawadnianie* w poleceniu będzie zapewnione przez kroplówkę/ zraszacz (ciśnieniowy). Proponuje się wybudowanie pijalni, studni osadowej i Diggies w punkcie wyjścia. Agregat pompowy wraz z panelem sterowania, zaworami, przepływomierzem, filtrem hydro cyklonowym itp. zostanie zainstalowany w tej pompowni w celu doprowadzenia wody do kultywatorów za pomocą sieci rur HDPE ułożonych około 1m poniżej poziomu gruntu do hydrantu (Sub Chak OT) planowanego do wykonania na powierzchni 4,0-4,5 ha.
3. Projektowanie *i instalacja systemu PLC-SCADA*: W tym projekcie przewiduje się zapewnienie PLC- SCADA w celu osiągnięcia automatyzacji sieci rurociągów i uzyskania pełnej/częściowej kontroli nad funkcjami pompowni, w sterowni proponowanej do ustawienia na czele stacji pomp podrzędnych. Zapewnia on zaawansowaną wizualizację i kontrolę systemu pod kątem jakości i niezawodności.

3.10 Wytwarzanie energii słonecznej

Szacuje się, że zapotrzebowanie na energię dla tego projektu w ciągu jednego roku wyniesie 25,36 mln jednostek. Roczne wydatki na konwencjonalną energię elektryczną wynoszą około 1,9 miliona, ale w przypadku elektrowni słonecznej mogłyby zostać zredukowane do zera. Projekty związane z energią słoneczną przyciągnęły uwagę państwa i rządów centralnych, a także uzyskały dzięki temu priorytet:

1. Krótkie okresy ciążowe, systemy fotowoltaiczne mają charakter modułowy.
2. Redukcja strat przesyłowych, zdecentralizowane i rozproszone systemy wytwarzania.
3. Wykorzystanie przyjaznych dla środowiska zasobów energii słonecznej do wytwarzania energii.
4. Przychody będą również generowane z 6-miesięcznej nadwyżki produkcji z 20MW Elektrowni Słonecznej @ Rs. 40.000 na MW przez rok.

Obszar Badaun ma wysoki potencjał wytwarzania energii słonecznej, więc opcja wytwarzania energii z elektrowni słonecznej może być dobrą alternatywą i bardziej opłacalną w długim okresie czasu.

3.11 Stosunek korzyści do kosztów

BUDAUN IRRIGATION PROJECT CONSTRUCTION DIVISION, BAREILLY.

Project for Aonla Dataganj Sprinkler Irrigation in Districts Bareilly & Budaun

Benefit Cost Ratio

S.No.		Particulars	Pre -Project (in lacs)	Post -Project (in lacs)
A		Gross Receipts		
	1	Gross value of farm Produce	2524.37	13147.19
	2	Add dung receipts@3% of the Fodder Expenditure	75.73	394.42
		Total A (1+2)	2600.11	13541.61
B		Expenses.		
	1	expenditure on Seeds, manure hireed Labour.	781.70	1588.59
	2	Fodder Expenses@15 % of Gross value of produe	378.66	1314.72
	3	Depreciation on implements@2.7% of Gross value of prod	68.16	354.97
	4	Share & Cash Rent @ 5 % of Gross value of produe	126.22	394.42
	5	Land Revenue @ 2 % of Gross value of produe	50.49	262.94
		Total B (1+5)	1405.23	3915.65
C		NET VALUE OF PRE PRODUCE= (Total A- Total B	1194.88	9625.96
D		ANNUAL BENEFITS		
	1	Net value of Post Project		9625.96
	2a	Net value of Pre Project	1194.88	
	2 b	Net value of Soler power Revenue		48.00
	2 c	Net value of Land Savings		53033.80
			1194.88	62707.76
		Net Annual Benefits	Total Rs	62707.76
E		CAPITAL COST OF PROJECT (Rs 85014.34)		84231.36
F		ANNUAL COST		
G	1	Interest on Capital @10% of Project cost		8423.14
E	2	Depreciation @ 1% of Project cost		842.31
E	3	Annual operation & maintenance As per Project cost		3572.91
E		Net Annual Cost Total	Total Rs	12838.36
E				
		Benefits Cost Ratio =	Net Annual Benefits / Net Annual Cost	
			62707.76 / 12838.36	
			4.88	

CHECKED DRAFTSMAN B.I.P.C.D. Bareilly

JUNIOR ENGINEER
Badaun irrigation project construction Division, Bareilly

ASSISTANT ENGINEER
Badaun irrigation project construction Division, Bareilly

EXECUTIVE ENGINEER
Badaun irrigation project construction Division, Bareilly

4. PORÓWNANIE NAWADNIANIA ZA POMOCĄ KANAŁU OTWARTEGO Z NAWADNIANIEM ZA POMOCĄ RUR

Tabela 5. Porównanie pomiędzy Kanałem Otwartym a Systemem Nawadniającym Rurowym.

Sl. Nie.	Opis działalności	System kanałów otwartych (bez instalacji tryskaczowej)	Rurowy system nawadniający (bez instalacji tryskaczowej)	Rurowy system nawadniający (z instalacją tryskaczową)	Uwagi
1	Wyładunek głowy	812 ft3/sek.	311 ft3/sek.	311 ft3/sek.	Oszczędność ok. 500 ft3/sek. w Nawadnianiu Rurowym dla dodatkowej powierzchni do nawadniania.
2	Całkowita powierzchnia przeznaczona do nawadniania	14.874 ha	18,001 ha	18,001 ha	(w przypadku systemu rurociągów całkowite obciążenie projektowe jest obliczane na podstawie CCA)
3	Porównanie kosztów	5787 milionów INR	INR 7101,2 mln	INR 8578 mln	Nawadnianie rurowe składa się z sieci i podsieci grawitacyjnych i ciśnieniowych, rozprowadzania pola w tryskaczach, elektrowni słonecznej 20 MW, pompowni i komory mułowej/ studni osadowych, filtrów i układów zaworów, prac elektromechanicznych, kosztów eksploatacji i konserwacji.
4	Koszt za hektar	INR 0,322 mln	INR 0,395 mln	INR 0,464 mln	
5	Stały Grunty wymagane (w ha)	433 ha	7,88 ha	7,88 ha	W przypadku nawadniania rurociągowego wymagana jest jedynie kompensacja RoU (prawo użytkowania)/klimatyzacja upraw i gruntu, natomiast w przypadku systemu otwartego kanału wymagane jest nabycie gruntu, co powoduje ogromne opóźnienia. Średnia stawka dopłat do plonów i gruntów wynosi 0,2 mln/ha, podczas gdy średnia stawka za nabycie wynosi 12,5 mln/ha.
6	Koszt gruntu	INR 5412,5 mln	117,714 mln INR	117,714 mln INR	
7	Generowanie dochodów przez elektrownię słoneczną	Brak	INR 4,8 mln	INR 4,8 mln	Biorąc pod uwagę 6-miesięczną nadwyżkę produkcji 20MW @ INR 40.000 na MW przez jeden rok.

5. WNIOSKI

W ten sposób Indie stopniowo przechodzą na system sieci nawadniania wykorzystujący rury ciśnieniowe, zintegrowany z elektrowniami słonecznymi, w miejsce systemu nawadniania wykorzystującego kanały, jak opisano powyżej. Zmiana ta jest stopniowa, ale nieodwracalna, ponieważ rząd Indii popiera tę decyzję jako politykę wdrażania projektów irygacyjnych w szybszy sposób, przy niższych kosztach ogólnych i przy mniejszym zużyciu wody.

6. REFERENCJE

i. Guidelines for Planning and Design of Piped Irrigation Network (Part - I & II), opublikowane w lipcu 2017 r. przez Ministry of Water Resources, River Development & Ganga Rejuvenation, Central Water Commission, Government of India.

ii. IS 8289: 2000 (Rury ciśnieniowe z żeliwa sferoidalnego (SPUN) do wody, gazu i ścieków - Specyfikacja).

iii. IS 3589: 2001 (Stalowe rury do wody i ścieków (168,3 do 2540 mm średnicy zewnętrznej) Specyfikacja).

iv. IS 4984: 2016 (Rury polietylenowe o wysokiej gęstości do zaopatrzenia w wodę - Specyfikacja).

v. Standard Schedule of Rates, Construction Division, Bareilly, Uttar Pradesh, Indie.

++++

II. ARTYKUŁ TECHNICZNY DOTYCZĄCY MOŻLIWOŚCI ZASTOSOWANIA RUR Z ŻELIWA SFEROIDALNEGO W SIECIACH KANALIZACJI GRAWITACYJNEJ

Autorzy

1. Sabarna Roy
Senior Vice President (Business Development), Electrosteel Castings Limited, G. K. Tower, 19, Camac Street, Kolkata - 700017. Email: sabarnaroy@electrosteel.com

2. Rajat Chowdhury
Sr. Executive (Business Development), Electrosteel Castings Limited, G. K. Tower, 19, Camac Street, Kolkata - 700017. Email: rajat.chowdhury@electrosteel.com

1. WPROWADZENIE

W artykule przedstawiono wykonalną technicznie ekonomiczną matrycę rur zawierającą rury z żeliwa sferoidalnego z wykładziną wewnętrzną i zewnętrzną powłoką zgodnie ze standardową specyfikacją dla podziemnej sieci kanalizacyjnej. Pokazuje ona również analizę porównawczą różnych rur za pomocą analizy kosztów cyklu życia zgodnie z podręcznikiem NEERI i podręcznikiem CPHEEO, a tym samym uzasadnia zastosowanie rur z żelaza sferoidalnego dla określonej matrycy rur do zastosowań kanalizacyjnych.

2. STRUKTURA MOLEKULARNA ŻELIWA SFEROIDALNEGO I ŻELIWA

W żeliwie grafit jest obecny w płytach jak płatki, które są źródłem nieodłącznej słabości. Przy dużych obciążeniach udarowych, pęknięcia rozprzestrzeniają się wzdłuż płatków, czyniąc CI kruchym.
W Żeliwie Sferoidalnym kształt struktury grafitowej staje się guzem sferoidalnym. Ten węzłowy kształt zwiększa wytrzymałość na rozciąganie i nadaje właściwości wydłużania, zapobiegając rozprzestrzenianiu się pęknięć.

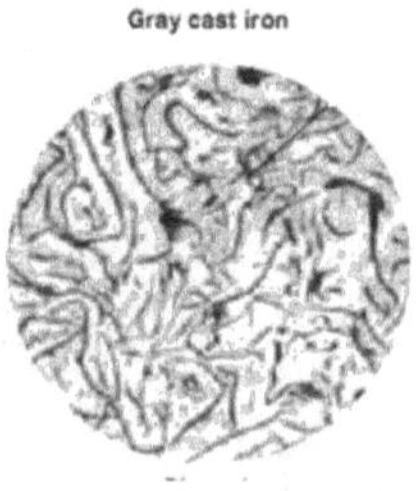

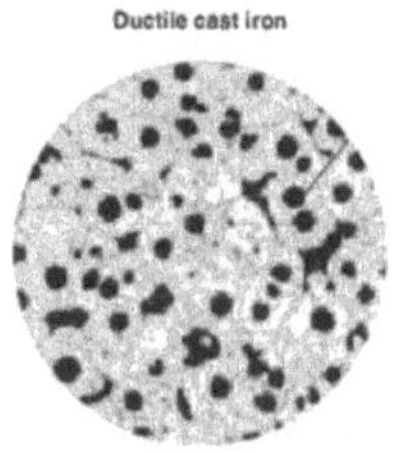

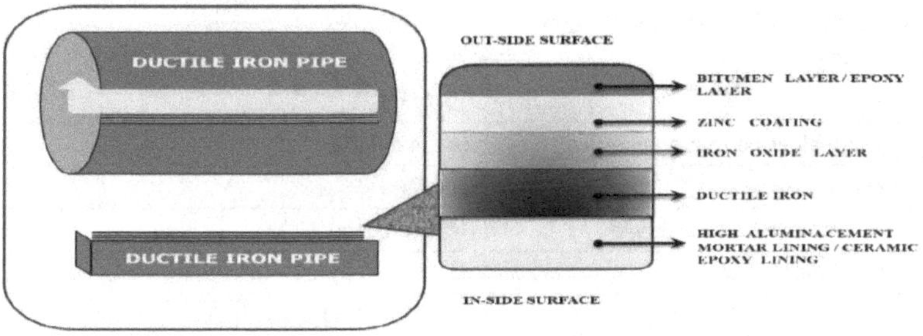

Rys. 1: Widok przekroju poprzecznego rury z żeliwa sferoidalnego

3. WNIOSKI

- Przenoszenie wody surowej i czystej (pompowanie i główny przewód grawitacyjny)
- Systemy nawadniające
- Sieć dystrybucji wody pitnej
- Zaopatrzenie w wodę do zastosowań przemysłowych / technologicznych
- System obsługi i utylizacji popiołu i gnojowicy
- Systemy gaśnicze - na lądzie i na morzu
- Zakłady odsalania
- Kanalizacja i ścieki główne siły nacisku
- System odprowadzania i utylizacji ścieków grawitacyjnych
- Rurociągi do odprowadzania wody burzowej
- System odprowadzania ścieków do zastosowań domowych i przemysłowych
- System recyklingu
- Rurociągi w instalacjach wodociągowych i oczyszczalniach ścieków
- Pionowe połączenie z mediami i zbiornikami
- Palowanie do stabilizacji gruntu
- Rurociągi ochronne pod głównymi jezdniami

4. WŁAŚCIWOŚCI RUR Z ŻELIWA SFEROIDALNEGO

Sl. Nie.	Właściwości	Żelazna rura sferoidalna
1	Wytrzymałość na rozciąganie	Min. 420 MPa
2	0,2% Stres dowodowy	300 MPa
3	Wydłużenie (min.) w przerwie	10% (procent)
4	Moduł Elastyczności	1,7 X 1010 kg/m2
5	Twardość	Max. 230 BHN
6	Gęstość zaludnienia	7050 kg/m3
7	Wygięcie / Wytrzymałość belki	Ponad 200 MPa
8	Wytrzymałość na zgniatanie	500 MPa
9	Wytrzymałość na rozerwanie (min.)	Współczynnik bezpieczeństwa przed rozerwaniem wynosi od 8 do 10

5. W JAKI SPOSÓB KOROZJA WYSTĘPUJE W KONWENCJONALNYCH RURACH KANALIZACYJNYCH?

Podziemne rury kanalizacyjne muszą być odporne i pracować bezpiecznie pod różnymi obciążeniami zewnętrznymi, jak również w trudnych warunkach środowiskowych. Degradacja rur kanalizacyjnych w miarę upływu czasu w połączeniu z nakładaniem się na siebie obciążenia gruntu i ruchu powierzchniowego może czasami powodować katastrofalne awarie rur kanalizacyjnych.

W przypadku cementowych rur kanalizacyjnych główną przyczyną pogorszenia jakości jest korozja. Korozja może spowodować zmniejszenie wytrzymałości konstrukcyjnej rurociągu, prowadząc do jego zawalenia.

Bakterie znajdujące się w śluzie pod przepływającymi ściekami przekształcają siarczany w ściekach w siarczki. Znajdujące się w cieczy siarczki przedostają się na powierzchnię ścieków i są uwalniane do atmosfery kanalizacyjnej jako gaz siarkowodór.

Gazowy siarkowodór w atmosferze powoduje kontakt ze śluzem w koronie kanału, który zawiera więcej bakterii. Bakteryjne działanie przekształca gaz siarkowodorowy w kwas siarkowy, który powoduje korozję w koronie rury i ta korozja nazywana jest również korozją koronową. W przypadku rur kanalizacyjnych RCC, które mają charakter korozyjny, kwas siarkowy atakuje materiał rury powodując jej ostateczne zniszczenie.

Jon siarczanowy (SO_4^{2-}) występuje naturalnie w instalacjach wodnych i ściekach. Siarczany są redukowane do siarczku i do siarkowodoru (H_2S) przez bakterie w warunkach beztlenowych rury kanalizacyjnej. Następnie H_2S jest biologicznie utleniany do kwasu siarkowego (H_2SO_4).

$$SO_4^{2-} + [\text{materia organiczna}] \longrightarrow H_2S$$

$$H_2S + 2O_2 \longrightarrow H_2SO_4$$

6. PROCES AWARII KANALIZACJI NA SKUTEK KOROZJI SIARKOWODOROWEJ

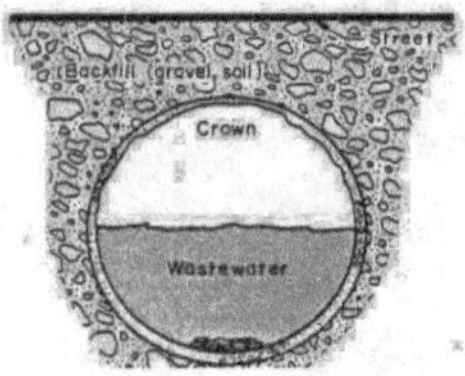

Rys. 2: Korozja zmniejsza integralność strukturalną korony rury.

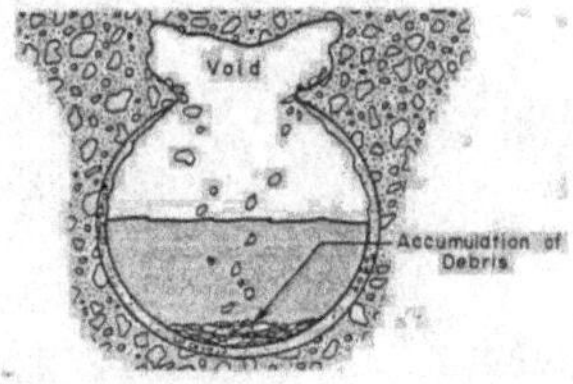

Rysunek 3: Korona zawala się i tworzy puste przestrzenie od zasypki do kanalizacji.

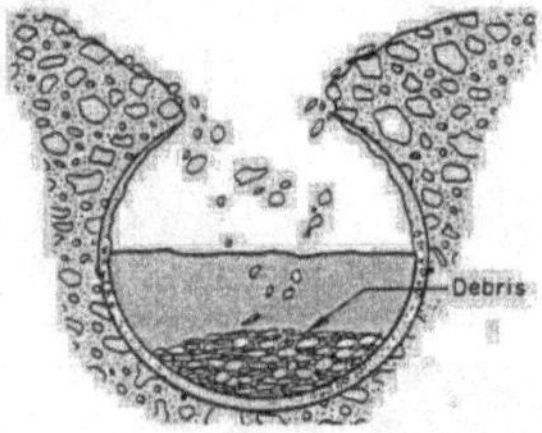

Rys. 4: Zasypka nadal wpada w zator kanalizacyjny i/lub zawalenie się ulicy.

7. USZKODZENIA RUR KANALIZACYJNYCH RCC NA SKUTEK WNIKANIA KORZENI

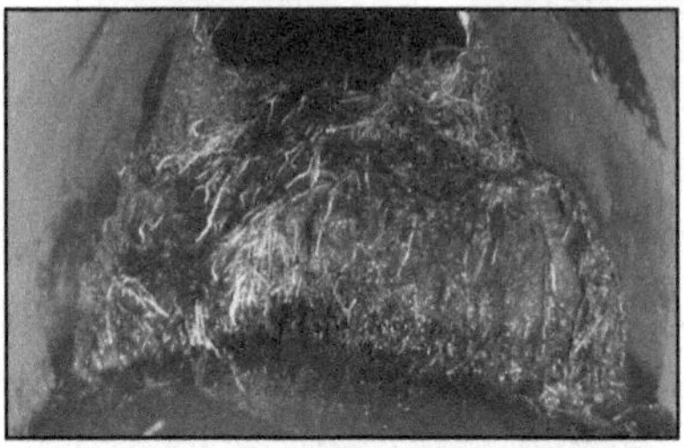

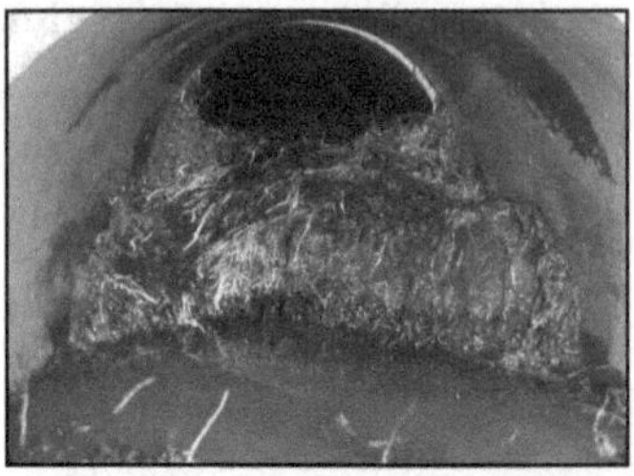

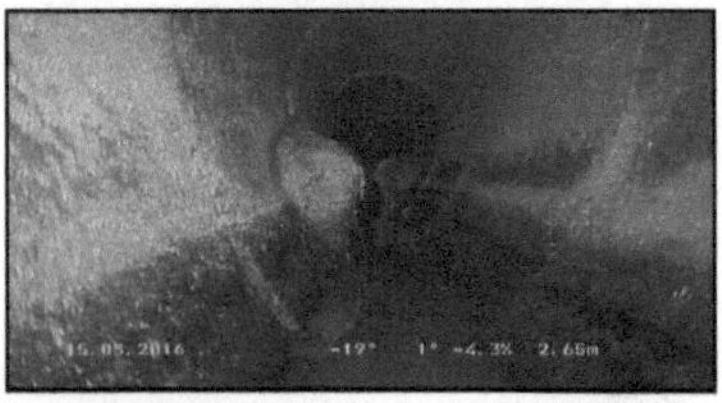

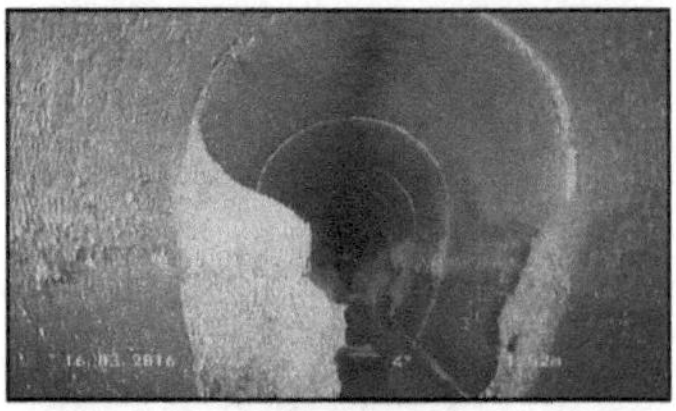

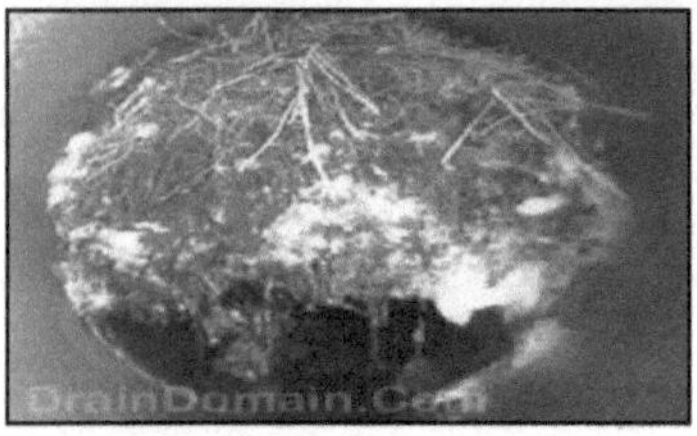

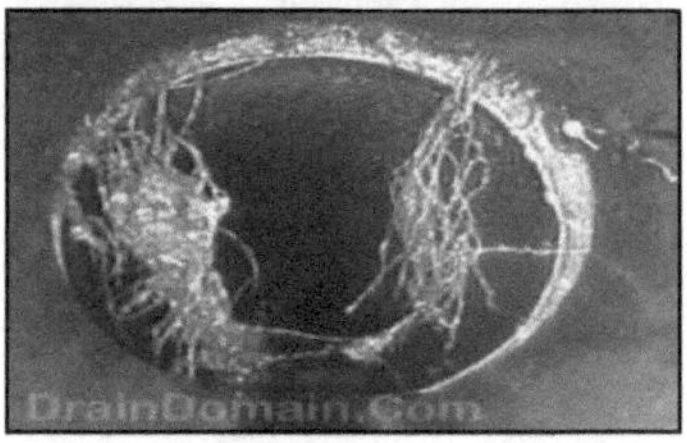

8. ZDJĘCIA AWARII RUROCIĄGU KANALIZACYJNEGO RCC SPOWODOWANEJ KOROZJĄ SIARKOWODOROWĄ

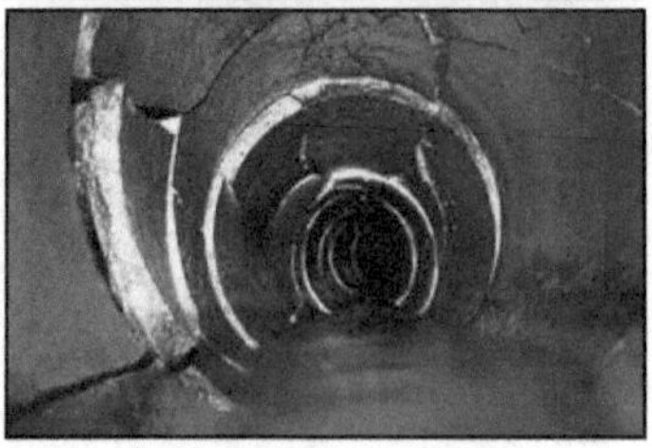

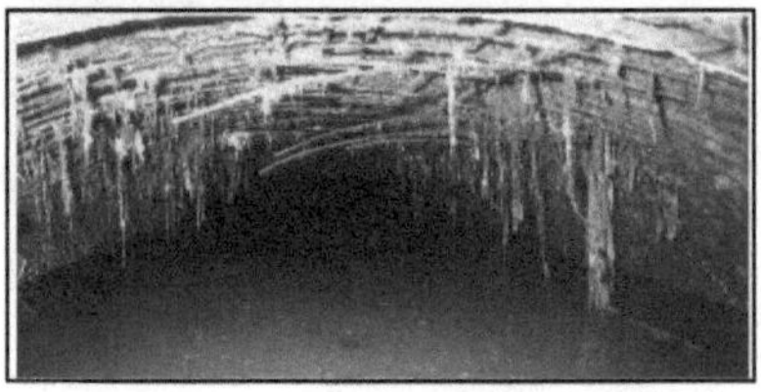

9. SPECYFIKACJE TECHNICZNE DOTYCZĄCE STOSOWANIA RUR Z ŻELIWA SFEROIDALNEGO W SIECIACH KANALIZACJI GRAWITACYJNEJ

1. Materiał na rury: Rury z żelaza sferoidalnego o grubości klasy K-7 zgodne z IS: 8329-2000.
2. Wewnątrz wykładziny (w celu zapewnienia odporności na ścieranie i właściwości korozyjne transportowanych ścieków): Okładzina z cementu glinowo-cementowego o odpowiedniej grubości, stosowana fabrycznie, spełniająca "Badania typu na odporność chemiczną i odporność na ścieranie" zgodne z punktami 5.3, 5.4, 7.6 i 7.7 z ISO:7186 (Międzynarodowa norma dla wyrobów z żeliwa sferoidalnego do zastosowań kanalizacyjnych) lub wykładzina epoksydowa ceramiczna o odpowiedniej grubości stosowana fabrycznie spełniająca "Badania typu na odporność chemiczną i odporność na ścieranie" zgodne z paragrafami nr 5.8, 5.9, 7.9 i 7.10 normy EN:598 (Europejska norma dla rur z żeliwa sferoidalnego, kształtek, akcesoriów i ich połączeń do zastosowań kanalizacyjnych).
3. Powłoka zewnętrzna: Baza cynkowa (minimum 130 g/m^2) z wykończeniem w postaci czerwonej powłoki epoksydowej lub brązowej powłoki bitumicznej o średniej 70 mikronów (minimum lokalne 50 mikronów) nakładana fabrycznie zgodnie z IS: 8329-2000. W przypadku gleb o podwyższonej korozyjności można zastosować powłokę cynkową o większej grubości wraz z rękawami polietylenowymi lub bez nich.

10. POSTANOWIENIA PL 598:2007

1. Klauzula nr 5.8 normy, zatytułowana: Odporność chemiczna na ścieki, stwierdza, co następuje:

   "Z wyjątkiem części składowych przeznaczonych wyłącznie do transportu wody deszczowej, długotrwałe działanie rur, kształtek i złączy wykazuje się za pomocą sześciomiesięcznych testów narażenia na działanie roztworu kwasu i roztworu zasadowego. Zakres ich stosowania jest podany w załączniku "C".

Po sześciu miesiącach badań muszą być spełnione następujące warunki:

a) grubość okładziny z zaprawy cementowej powinna mieścić się w granicach 0,2 mm od pierwotnej grubości;

b) nie mogą występować widoczne pęknięcia, pęcherze lub odklejenia się powłok epoksydowych lub poliuretanowych (złączki, króćce i mufy rurowe oraz wykładziny rur);

c) na uszczelce gumowej nie może być żadnych widocznych pęknięć; jej twardość, wytrzymałość na rozciąganie i wydłużenie pozostają zgodne z określonymi wartościami.

Wszystkie inne kombinacje powłok mogą być badane zgodnie z tą samą procedurą; wartości pH mogą być modyfikowane w celu wykazania długotrwałego zachowania się w różnych środowiskach".

2. Klauzula nr 5.9 normy, zatytułowana: Odporność na ścieranie, stwierdza, co następuje: -

"Głębokość ścierania rur nie może być większa niż 0,6 mm po 100 000 ruchów (50000 cykli) dla każdego rodzaju okładziny cementowej lub 0,2 mm dla okładzin epoksydowych lub poliuretanowych".

11. PRZEPISY Z 8329:2000

1. W załączniku B (klauzula nr 16.3), zatytułowanym: Cementowa okładzina murarska, cement stosowany do okładzin, zgodnie z klauzulą nr B-1.1 (c), stwierdza się, co następuje: -

"Cement wysokoglinowy (wg IS: 6452) jest odpowiedni do ciągłego stosowania odczynu pH pomiędzy 4 a 12 i nie powoduje poważnych uszkodzeń po sporadycznym narażeniu na działanie odczynu pH 3 do 4 i od 12 do 13".

2. W tabeli 14, zatytułowanej: Zalecany rodzaj cementu użytego do wykonania wykładziny, zgodnie z punktem nr B-1.1, jest określony następująco: -

Sl. Nie.	Charakterystyka wody	Cement wysokoglinowy
i)	Minimalna wartość pH	4
ii)	Maksymalna zawartość (mg/l):	
	Agresywny CO_2	Brak limitu
	Siarczany (SO4-)	Brak limitu
	Magnez (Mg^{++})	Brak limitu
	Amoniak ($NH4^{-}$)	Brak limitu

12. OKŁADZINA EPOKSYDOWA CERAMICZNA

Rury i kształtki z żeliwa sferoidalnego marki Electrosteel są wewnętrznie wyłożone nieprzepuszczalnym, ceramicznym systemem o podwyższonej odporności, zawierającym minimum 20% ceramicznego pigmentu kwarcowego, rozproszonego w żywicy epoksydowej na bazie fenolu.

Użycia:

1. Ścieki domowe i komunalne
2. Ścieki i ścieki przemysłowe
3. Woda z cząstkami stałymi prowadzącymi do ścierania wewnętrznych ścianek
4. Woda zanieczyszczona z dużą szansą na biologicznie indukowaną korozję

Zalety:

1. Charakteryzuje się najwyższą mechaniczną wytrzymałością wiązania z metalowym podłożem
2. Jest odporny na długotrwałe narażenie na środowisko o działaniu korozyjnym
3. Nieprzepuszczalna powłoka jest odporna na działanie substancji chemicznych
4. Skutecznie chroni przed korozją gazów ściekowych

Eksperymenty i wyniki testów Ceramicznej Okładziny Epoksydowej:

Sl. Nie.	Przeprowadzone testy	Odpowiednia norma	Metoda badania	Wydajność
1	Test na ścieranie	ASTM D 4060-07	(CS-17 Koło, 1.000 cykli, 1.000 gram obciążenia)	Nie więcej niż 76 mg utraty, średnia z trzech badań
2	Badanie typu abrazji A	BS PL 598: 2007+A1: 2009	Ścieranie kołyskowe 50000 cykli	Nie więcej niż 0,01 mm (0,6 mils) grubości ubytku powłoki
3	Badanie typu abrazji B	BS PL 598: 2007+A1: 2009	Ścieranie kołyskowe 100000 cykli	Nie więcej niż 0,14 mm (5,5 milsów) grubości utraty powłoki
4	Test przyczepności	ASTM D 4541-09	Metoda E, tester typu V, punktowany	Nie mniej niż 1 450 psi (10 MPa) ciągnięcia, średnio trzy próby
5	Oddzielenie katodowe	ASTM G 8-96 (2003)	Stosuje się przy średniej 37 mils DFT i utwardza przez 14 dni w temperaturze ^{750F} (^{240C}).	Nie więcej niż 0,00 cala (0,00 mm) średnicy równoważnego koła rozłącznego, średnia z dwóch badań
6	Zanurzenie chemiczne	NACE TM 0174-2002	Roztwór NACE narażony na działanie białego metalu metodą strumieniowo-ścierną Oczyszczony i utwardzony 30 dni pod adresem 75°F (24°C)	Brak pęcherzy, pęknięć, kontroli, erozji lub rozwarstwienia folii po roku ciągłego zanurzenia pod adresem 72°F (22°C).
7	Test zanurzeniowy 20% H2SO4	ASTM D714-87	Próbka zanurzona w 20% H_2SO_4 Rozwiązanie	Brak skutków po 2 latach
8	Test wakacyjny iskry	EN 14901	Użycie standardowego urządzenia do wykrywania wakacji	Napięcie testowe bezpieczne - 2,5 KV
9	Odporność chemiczna Badanie typu	BS PL 598: 2007+A1: 2009	Odczynniki nakładane na rury z żeliwa sferoidalnego i utwardzane 14 dni w temperaturze ^{750F} (^{240C})	Brak pęcherzyków, odklejania się, zmiękczania, odbarwiania lub utraty połysku po sześciu miesiącach zanurzenia, recyrkulacja 1,0 litra/min i utrzymanie w temperaturze 640F (^{180C})
10	Twardość powłoki	ASTM D 2240-05	Leczony 30 dni w temperaturze ^{750F} (^{240C})	Nie mniej niż twardość Shore'a typu D wynosząca 78, średnia z pięciu testów

11	Zanurzenie w wodzie	ASTM D 870-09	Ciągłe zanurzenie na 4000 godzin w wodzie dejonizowanej 1400F po utwardzeniu przez 14 dni w temperaturze ^{750F} (^{240C})	Brak rdzewienia, pękania, sprawdzania lub rozwarstwienia folii
12	Próba w opryskiwaniu solą (mgła)	ASTM B 117-09	Ekspozytor przez 5000 godzin po utwardzeniu przez 14 dni w temperaturze ^{750F} (^{240C})	Brak pęcherzyków, pęknięć i rozwarstwień folii
13	Test absorpcji wody	ASTM C 413-01 (2006)	Zanurzenie w wodzie po utwardzeniu przez 14 dni w temperaturze 750F (^{240C})	Brak absorpcji wody
14	Przenoszenie pary wodnej	ASTM D 1653-03 (2008)	(metoda B: mokry kubek, stan C)	Nie więcej niż 1,25 g/m2 na 24h przepuszczalności pary wodnej (WVT) i nie więcej niż 0,09 perms (0,06 perms) przepuszczalności pary wodnej (WVP), średnia z trzech badań
15	Odporność na uderzenia	ASTM 2794	Odporność powłok organicznych na skutki gwałtownego odkształcenia (uderzenia); Zmodyfikowana dla grubego metalowego podłoża.	160 lb-in

13. <u>GRUBOŚĆ ŚCIANKI RURY, OKŁADZINY Z ZAPRAWY HAC I CERAMICZNEJ OKŁADZINY EPOKSYDOWEJ</u>

Średnica nominalna (DN)	Średnica zewnętrzna (DE)	Nominalna grubość ścianek rur klasy K7 (mm)	Grubość nominalna cementu wysokoglinianowego Okładzina z zaprawy murarskiej (mm)	Grubość nominalna ceramicznej wykładziny epoksydowej (μ)
80	98	5	4	1000
100	118	5	4	1000
125	144	5	4	1000
150	170	5	4	1000
200	222	5	4	1000
250	274	5.3	4	1000
300	326	5.6	4	1000
350	378	6.0	5	1000
400	429	6.3	5	1000

450	480	6.6	5	1000
500	532	7.0	5	1000
600	635	7.7	5	1000
700	738	9.0	6	1000
750	790	9.7	6	1000
800	842	10.4	6	1000
900	945	11.2	6	1000
1000	1048	12.0	6	1000
1100	1152	14.4	6	1000
1200	1255	15.3	6	1000

14. ŻYWOTNOŚĆ RUR RCC I RUR Z ŻELIWA SFEROIDALNEGO ZGODNIE Z PODRĘCZNIKIEM NEERI

Projektowana żywotność eksploatacyjna różnego rodzaju materiałów rurowych, opublikowana przez National Environmental Engineering Research Institute, Nagpur w październiku 2002 r. w tomie II (Pipe Selection Handbook for Water Supply and Sewerage), zatytułowana "Design Algorithm & Software", wymienia następujące elementy dotyczące żywotności rur RCC i rur z żelaza sferoidalnego:

Opis	Rury RCC	DI Pipesy
Minimalny projektowany okres użytkowania użytkowego (w latach)	10	70
Maksymalna trwałość użytkowa projektu (w latach)	30	90

15. MAKSYMALNY I MINIMALNY OKRES UŻYTKOWANIA RÓŻNYCH MATERIAŁÓW RUROWYCH ZGODNIE Z PODRĘCZNIKIEM NEERI

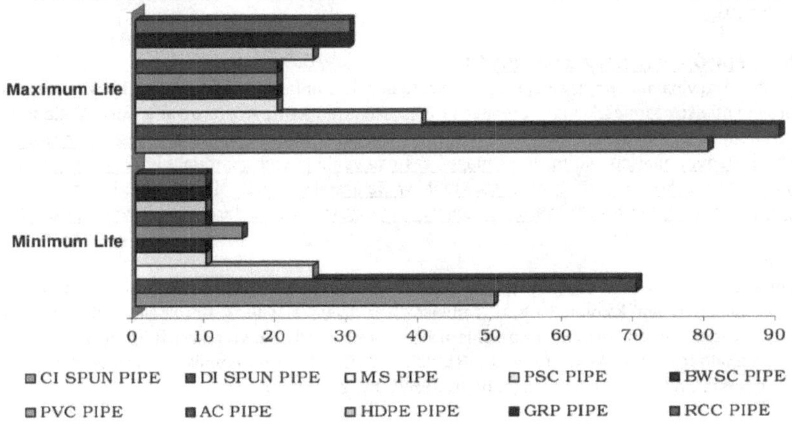

16. ANALIZA KOSZTÓW CYKLU ŻYCIA POMIĘDZY RURAMI DI I RURAMI RCC (UWZGLĘDNIAJĄC OKRES PROJEKTOWANIA 30 LAT)

Podstawowe równanie analizy kosztów cyklu życia produktu:
Całkowity efektywny koszt (bieżące rupiecie) rury o ograniczonej żywotności określa się na podstawie równania:

$$EC = P\{1+[(1+I)/(1+i)]^{n} + [(1+I)/(1+i)]^{2n} ..... [(1+I)/(1+i)]^{mln\}1}$$

Gdzie:
EC = Całkowity koszt efektywny (bieżące rupiecie)
P = Aktualna szacowana cena (Aktualne rupiecie)
I = Stopa inflacji w okresie trwania projektu (w procentach)
i = Stopa procentowa w okresie trwania projektu (w procentach)
n = Okres użytkowania materiału (lata)
m = ilość razy materiał, z którego wykonane są rury o ograniczonej żywotności, musi zostać wymieniony na materiał o dłuższej żywotności
Współczynnik oprocentowania/Inflacji wynosi $(1+I)/(1+i)^1$

(Odniesienie: **Wyciągnięcie Guessworka z analizy najmniejszych strat autorstwa** W. O. Kerra, doktora i B. A. Ryana, Arthura Young & Company. Aktualizacja przez W. O. Kerr dla NCPI - kwiecień 1993 r.).

Zgodnie z Podręcznikiem Doboru Materiałów do Rur Wodociągowych i Kanalizacyjnych wydanym przez Państwowy Instytut Badawczy Inżynierii Środowiska, Nagpur; maksymalna żywotność rur DI wynosi 90 lat, a minimalna żywotność rur DI wynosi 70 lat. Z tego wynika, że średnia długość życia rury DI wynosi 80 lat. Podobnie, maksymalna żywotność rur RCC wynosi 30 lat, a minimalna żywotność rur RCC wynosi 10 lat. Z tego wynika, że średnia żywotność rur RCC wynosi 20 lat.

Strony z zatwierdzonego szczegółowego sprawozdania z projektu dla kanalizacji miasta Berhampur, Zarząd Wodociągów i Kanalizacji Odishy, Bhubaneswar, Tom - I, który został zatwierdzony przez CPHEEO, MoHUD.

DOBÓR MATERIAŁÓW RUR KANALIZACYJNYCH
Każda rura kanalizacyjna ma swoje zalety i zalety. Warto będzie pamiętać, że kanały przechodzą przez całą długość dróg w miejscu zamieszkania i w różnych miejscach napotkamy zróżnicowane warunki glebowe, podłoże, lokalizacje itp. W związku z tym konkretny materiał, z którego wykonane są rury, może być odpowiedni w danym miejscu, ale może wymagać zastosowania innego materiału w innych miejscach. Wskazówki w tym zakresie zostały przedstawione w Załączniku A.3.10. (Patrz Klauzula nr 3.56.11 Rozdziału 3, Część A Podręcznika Oczyszczania Ścieków i Oczyszczania Ścieków wydanego przez CPHEEO w 2013 roku).

Należy zadbać o to, aby w miejscach występowania wód gruntowych i przybrzeżnych rury kanalizacyjne nie były kamionkowe ani kamionkowe, a zamiast tego były żeliwne / sferoidalne lub inne rury niemetalowe z zabezpieczeniem przed unoszeniem się na wodzie, co omówiono w dalszej części rozdziału o układaniu kanalizacji (Patrz Klauzula nr 3.6 Rozdziału 3, Część A Podręcznika dotyczącego systemu kanalizacji i oczyszczania ścieków wydanego przez CPHEEO w 2013 roku).

Kryteria wyboru materiałów rurowych zgodnie z podręcznikiem CPHEEO:
Zgodnie z punktem 3.12.1 Podręcznika CPHEEO o systemach kanalizacji i oczyszczania ścieków, 2013, czynniki wpływające na dobór materiałów do kanalizacji są następujące:

i. Charakterystyka przepływu,
ii. Dostępność w wymaganych rozmiarach wraz z osprzętem,
iii. Łatwość obsługi i instalacji,
iv. Wodoszczelność i prostota montażu,
v. Siła fizyczna,
vi. Odporność na kwasy, zasady, gazy, rozpuszczalniki itp,
vii. Odporność na szorowanie,
viii. Trwałość i
ix. Koszt obejmujący obsługę i instalację.

W podręczniku zauważono, że żaden pojedynczy materiał nie może spełnić wszystkich warunków, jakie można spotkać przy projektowaniu kanałów ściekowych. Tak więc wybór powinien być dokonany dla konkretnego zastosowania, a różne materiały mogą być wybrane dla części jednego projektu.

17. Zgodnie z podręcznikiem CPHEEO Ręczne współczynniki doboru materiałów kanalizacyjnych, porównanie pomiędzy charakterystyką RCC< DWC- HDPE i rur z żeliwa sferoidalnego podane jest w poniższej tabeli:

Sl. Nie.	Wymagane właściwości zgodnie z podręcznikiem CPHEEO	Charakterystyka rur RCC zgodnie z IS 458:2003	Charakterystyka rury DWC-HDPE zgodnie z IS 16098 część 2	Właściwości rury DI (klasa K-7) zgodnie z IS 8329:2000
1	Dostępność wymaganych rozmiarów wraz z wyposażeniem i specjalnościami	Rury RCC są dostępne w zakresie od 80 mm do 2600 mm. Złącza RCC nie są dostępne.	Rury DWC PE produkowane są w rozmiarach DN/ID 75 mm do 1200 mm. Średnice DN 350, 450, 700, 750, 900 i 1100 nie są dostępne w rurach DWC. (Tabela 5, IS 16098 część 2).	Rury DI są dostępne w zakresie od 80 mm do 1200 mm. Złączki z żeliwa sferoidalnego produkowane są zgodnie z IS: 9523. (Klauzula nr. 3.12.8, rozdział 3 - Projektowanie i budowa kanałów ściekowych, część A podręcznika CPHEEO).
2	Ograniczenia	Nie nadaje się do wysokich poziomów siarczanów w ściekach / wodzie gruntowej, chyba że zapewniona jest dobra wykładzina, taka jak HDPE/GRP/PVC/PE/CM z cementem odpornym na	Nie w miejscu narażonym na obciążenie ruchem pojazdów i nie ma wystarczającej osłony. Nie na obszarach narażonych na ingerencję osób trzecich, np. wykopy	Rury DI nie mogą być stosowane w pobliżu zakopanych kabli elektroenergetycznych wysokiego napięcia. Wszędzie tam, gdzie stosowane są podpory

Sl. Nie.	Wymagane właściwości zgodnie z podręcznikiem CPHEEO	Charakterystyka rur RCC zgodnie z IS 458:2003	Charakterystyka rury DWC-HDPE zgodnie z IS 16098 część 2	Właściwości rury DI (klasa K-7) zgodnie z IS 8329:2000
		siarczany lub rury produkowane z cementem odpornym na siarczany lub cementem glinowym. Jakość wykładziny jest zapewniana przez właściwy organ. Nie w agresywnych glebach / wodach gruntowych lub strefie pływów, chyba że do produkcji użyto cementu odpornego na siarczany lub cementu wysokoglinowego. (RCC-1 i RCC-2 z dodatku A 3-10, część A podręcznika CPHEEO).	w odległości 2 m od rurociągu prowadzone przez inne podmioty. Nie w gruncie, oferując niską wytrzymałość bocznego podparcia rury. Nie w ziemi, co pozwala na migrację materiału osadzającego rury do niej. Nie w ziemi zanieczyszczonej szkodliwymi substancjami chemicznymi. Nie nadaje się do instalacji naziemnej. Nie nadają się do stosowania jako systemy retykulacyjne, z wyjątkiem zastosowań specjalnych (SP-1 do SP-7 w dodatku A 3-10, część A podręcznika CPHEEO).	naziemne na każdej długości rury, należy zapewnić, aby nie ulegały one osiadaniu. Rury z zewnętrznymi powłokami syntetycznymi, które nie mogą być stosowane w środowisku morskim, aby zapobiec wymywaniu do środowiska chemikaliów składowych. (CIDI-1, CIDI-2 i CIDI-3 z dodatku A 3-10, część A podręcznika CPHEEO).
3	Siła fizyczna	I. Wytrzymałość na rozciąganie (minimum): 2,5 MPa (klauzula nr 5.5.2 normy IS: 458). II. Współczynnik Poissona: 0,20 III. Moduł sprężystości Young'a (E): 29,580 MPa (tabela 6.7, rozdział 6 podręcznika CPHEEO). IV. Odporność na uderzenia: Nieistotne.	Współczynnik Poisson'a: 0,42 dla PP i 0,45 dla PE Moduł sprężystości Young'a (E): ≥1250 MPa dla PP i ≥800 MPa dla PE. (Powyższe wartości pochodzą z tabeli A.1, klauzula nr A.2, załącznik A do normy EN 13476-1: 2007 r.	I. Wytrzymałość na rozciąganie (minimum): 420 MPa (klauzula nr 10.1.6 IS : 8329). II. Współczynnik Poissona: 0,28 III. Moduł sprężystości Younga (E): 170.000 MPa (tabela 6.7, rozdział 6 podręcznika CPHEEO). IV. Odporność na uderzenia: <0,713

Sl. Nie.	Wymagane właściwości zgodnie z podręczniki em CPHEEO	Charakterystyka rur RCC zgodnie z IS 458:2003	Charakterystyka rury DWC-HDPE zgodnie z IS 16098 część 2	Właściwości rury DI (klasa K-7) zgodnie z IS 8329:2000
		V. Minimalne wydłużenie w przerwie: 0% VI. Wytrzymałość strukturalna (Wytrzymałość na zgniatanie): 300 Kg/cm² (Orientacyjna) Normalne zasypywanie. VII. Porównanie masy rury: Ciężka (tabela 6.2.4 z NEERI Handbook). VIII. Długość rury: 2,5 m każda rura (klauzula nr 8.1 IS: 458).		V. Minimalne wydłużenie przy zerwaniu: ponad 10% (klauzula nr 10.1.6 IS: 8329) VI. Wytrzymałość strukturalna (wytrzymałość na zgniatanie): 5000 Kg/cm² (w przybliżeniu) Zasypka normalna. VII. Porównanie masy rur: Średnia (tabela 8 z JEST: 8329-1994). VIII. Długość rury: 5,5 m lub 6 m każdej rury (klauzula nr 13.1 IS : 8329).
4	Charakterystyka przepływu	Współczynnik chropowatości złącza kołnierza - 0,013, złącza kołnierza w dobrym stanie - 0,015 i złącza kielichowego - 0,011 (tabela 3.11, rozdział 3 - Projektowanie i budowa kanałów ściekowych, część A instrukcji CPHEEO).	Współczynnik chropowatości n wynosi 0,010 dla rur HDPE/uPVC.	Współczynnik chropowatości manningu n wynosi 0,011. (Tabela 3.11, rozdział 3 - Projektowanie i budowa kanałów ściekowych, część A podręcznika CPHEEO).
5	Łatwość obsługi i instalacji	Instalacja jest powolna, ponieważ liczba połączeń jest większa, a rury są ciężkie. Układanie jest wolniejsze. Ponieważ liczba złączy jest 2-2,25 razy większa niż liczba rur DWC HDPE i DI;	Instalacja jest szybsza w porównaniu z rurami RCC. Jednakże ograniczenie głębokości korony od 0,8 do 6,0 m (Sl. Nr II, tabela 24 w IS 16098 (część 2). Co więcej, rury DWC wymagają zachowania ostrożności w obszarze	Montaż jest szybki dzięki prostemu systemowi łączenia typu Push-on i mniejszej ilości połączeń. Oszczędność kosztów projektu i niedogodności dla społeczeństwa dzięki szybszemu układaniu.

Sl. Nie.	Wymagane właściwości zgodnie z podręcznikiem CPHEEO	Charakterystyka rur RCC zgodnie z IS 458:2003	Charakterystyka rury DWC-HDPE zgodnie z IS 16098 część 2	Właściwości rury DI (klasa K-7) zgodnie z IS 8329:2000
		w rurociągach RCC potrzeba będzie więcej czasu na budowę.	pozyskiwania wody. Unoszenie się rur przy wysokich stanach wód gruntowych powyżej poziomu morza stanowi problem szczególnie w przypadku wysokich wód gruntowych i obszarów przybrzeżnych. Obwody lub pale betonowe powinny być tak wykonane, aby utrzymać je w miejscu, w którym woda gruntowa może wznosić się ponad kanałem ściekowym (punkt nr. 3.56.8, rozdział 3 - Projektowanie i budowa kanałów ściekowych, część A podręcznika CPHEEO).	Czas budowy będzie krótszy w przypadku rurociągów DI. Dzięki zastosowaniu rur DI można skrócić czas budowy. Może być układany na dowolnej głębokości i nie ma ograniczeń co do głębokości korony. Rury DI są stosunkowo cięższe w wadze. W związku z tym nie ma ryzyka unoszenia się na wodzie w przypadku rur DI.
6	Wodoszczelność i prostota montażu	Szczelina jest stosunkowo nieelastyczna. W związku z tym nie może przystosować się do ruchów podłoża i spowodować eksfiltrację ścieków i infiltrację wody gruntowej. Przykładowo, dla rurociągu o długości 100 m, w rurach RCC jest 40 złączy. Metoda łączenia jest niewiarygodna i podatna na przecieki. Co więcej, większa ilość połączeń oznacza większą możliwość wycieku.	Typ Testowany nie dla tak niekorzystnych warunków jak rury z żeliwa sferoidalnego w rzeczywistym zastosowaniu.	Typ Testowany na bardzo wysokie, niekorzystne warunki w rzeczywistej aplikacji. Łącznik jest elastyczny. Dzięki temu może łatwo dostosować się do ruchów podłoża. Przeguby wciskane oferują doskonałą szczelność. Przykładowo, dla rurociągu o długości 100 m, w rurach DI jest 18 złączek. Złącza są testowane pod kątem bardzo niekorzystnych warunków. (dla okładziny z cementu glinowo-cementowego o wysokiej odporności chemicznej i odporności

Sl. Nie.	Wymagane właściwości zgodnie z podręcznikiem CPHEEO	Charakterystyka rur RCC zgodnie z IS 458:2003	Charakterystyka rury DWC-HDPE zgodnie z IS 16098 część 2	Właściwości rury DI (klasa K-7) zgodnie z IS 8329:2000
				na ścieranie zgodnie z punktami 5.3, 5.4, 7.6 i 7.7 normy ISO:7186 oraz dla okładziny z ceramiki epoksydowej o odporności chemicznej i odporności na ścieranie zgodnie z punktami 5.8, 5.9, 7.9 i 7.10 normy EN:598).
7	Odporność na kwasy, zasady, gazy, rozpuszczalniki itp.	Rury te narażone są na korozję wieńcową wywołaną gazem siarkowym, korozję linii wodnej na średniej głębokości wywołaną przez siarczki oraz na pogorszenie jakości wody gruntowej na zewnątrz przez siarczany. (Klauzula nr 3.12.3, rozdział 3 - Projektowanie i budowa kanałów ściekowych, część A podręcznika CPHEEO).	Obojętne dla kwasów, zasad, gazów, rozpuszczalników itp.	Wykładzina z zaprawy cementowo-glinowej o wysokiej zawartości tlenku glinu nadaje się do ciągłego stosowania przy pH od 4 do 12, a po sporadycznym narażeniu na pH od 3 do 4 i od 12 do 13 nie dochodzi do poważnych uszkodzeń. Maksymalna zawartość agresywnego CO2, siarczanów (SO4), magnezu (Mg++) i amonu (NH4+) nie ma limitu dla wysokoglinowej zaprawy cementowej. (Klauzula nr B-1.1 c. i tabela 14 w załączniku B, IS: 8329).
8	Odporność na zmywanie	Dobra.	Dobra.	Dobra.
9	Trwałość	Rury betonowe muszą być odpowiednio przenoszone, posadowione i wypełnione z powrotem, jeśli mają bezpiecznie przenosić pełne obciążenia projektowe.	Wytrzymałość na uderzenia jest bardzo niska. Wymaga ostrożnej obsługi.	Rury z żeliwa sferoidalnego mają doskonałe właściwości obrabialności, odporność na uderzenia, wysoką odporność na zużycie, wysoką wytrzymałość na

Sl. Nie.	Wymagane właściwości zgodnie z podręczniki em CPHEEO	Charakterystyka rur RCC zgodnie z IS 458:2003	Charakterystyka rury DWC-HDPE zgodnie z IS 16098 część 2	Właściwości rury DI (klasa K-7) zgodnie z IS 8329:2000
		Nawet najwyższa jakość rur betonowych produkowanych zgodnie ze specyfikacją może zostać zniszczona przez niewłaściwe obchodzenie się z nimi, podsypywanie i zasypywanie. (Klauzula nr 0.3, Przedmowa do IS: 783).		rozciąganie, plastyczność i odporność na korozję. Wytrzymałość na uderzenia jest bardzo wysoka. Dzięki temu rury nie ulegną uszkodzeniu podczas przenoszenia. Są mocne, zarówno wewnętrzne jak i zewnętrzne powierzchnie są gładkie, wolne od grudek, pęknięć, pęcherzy i blizn. Rury z żeliwa sferoidalnego wytrzymują hydrauliczne próby ciśnieniowe zgodnie z wymogami przepisów serwisowych. (Klauzula nr. 3.12.8, rozdział 3 - Projektowanie i budowa kanałów ściekowych, część A podręcznika CPHEEO).
10	Projektowa nie Przydatna żywotność eksploatacy jna	Minimum - 10 lat Maksymalnie - 30 lat (zgodnie z podręcznikiem wyboru materiałów do produkcji rur wydanym przez Narodowy Instytut Badawczy Inżynierii Środowiska (NEERI)	Podobnie jak w przypadku rur HDPE Minimum - 10 lat Maksymalnie - 25 lat (zgodnie z podręcznikiem wyboru materiałów do produkcji rur wydanym przez Narodowy Instytut Badawczy Inżynierii Środowiska (NEERI)	Minimum - 70 lat Maksymalnie - 90 lat (zgodnie z podręcznikiem wyboru materiałów do produkcji rur wydanym przez Narodowy Instytut Badawczy Inżynierii Środowiska (NEERI)

DLA Rur RCC (NP-3), rur DWC-HDPE (SN-8) i rur DI (K-7):

Sl. Nie.	Średnica	FOR w Berhampur RCC (NP-3) - Rs./m	FOR w Berhampur DWC HDPE (SN-8) - Rs./m	FOR w Berhampur DI (K-7) - Rs./m
1	200	779.59	434.00	1,500.00
2	250	908.18	676.00	1,977.00
3	300	1,339.99	902.00	2,499.00
4	350	2,540.52	-	3,115.00
5	400	2,828.16	1,631.00	3,731.00
6	450	3,161.30	-	4,394.00
7	500	3,539.44	2,377.00	5,172.00
8	600	4,545.48	4,099.00	6,831.00
9	700	5,378.49	-	9,244.00
10	800	6,808.40	6,796.00	12,168.00
11	900	7,649.21	-	14,776.00
12	1000	9,904.13	11,067.00	17,636.00
13	1100	11,528.59	-	23,107.00
14	1200	13,153.04	-	26,870.00

Porównanie kosztów kapitałowych pomiędzy Rurami RCC (NP-3), Rurami DWC-HDPE (SN-8) i Rurami DI (K-7) (biorąc pod uwagę koszt dostawy, koszt budowy i koszt podsypki tylko z wyłączeniem kosztów robót ziemnych):

Sl. Nie.	Opcja dla sieci kanalizacyjnej	RCC (NP-3) (Rs. In Crores)	DWC HDPE (SN-8) (Rs. In Crores)	DI (K-7) (Rs. In Crores)	Ogółem (Rs. In Crores)
1	**Opcja I** (rura DWC do średnicy 250, rura DI od 300 mm do 700 mm i rura RCC powyżej 700 mm średnicy)	12.86	47.61	14.34	74.81
2	**Opcja II** (rura DWC do średnicy 250 i rura RCC powyżej 250 mm)	23.28	47.61	0	70.89

Analiza kosztów cyklu życia (LCCA) pomiędzy rurami RCC (NP-3), rurami DWC HDPE (SN-8) i DI (K-7) Rury z uwzględnieniem kosztów dostawy, kosztów budowy i kosztów posadowienia rur:

Sl. Nie .	Opcja dla sieci kanalizacyjnej	Efektywny koszt sieci kanalizacyjnej z rurami RCC w tym Wartość bieżąca netto 1 wymiany po 20 latach (Rs. In Crores)	Efektywny koszt sieci kanalizacyjnej z rurami DWC, w tym wartość bieżąca netto 1 wymiany po 17,5 roku (Rs. In Crores)	Efektywny koszt sieci kanalizacyjnej z rurami DI (Rs. In Crores)	Ogółem (Rs. In Crores)
1	**Opcja I** (rura DWC do średnicy 250, DI od 300 mm do 700 mm i RCC powyżej 700 mm średnicy)	24.00	88.00	14.34	126.34
2	**Opcja II** (rura DWC do średnicy 250 i RCC powyżej 250 mm średnicy)	43.00	88.00	0	131.00

Obliczenia wartości bieżącej netto dla rur RCC i rur DWC-HDPE zarówno dla wariantu I, jak i wariantu II znajdują się w załączniku A.
Zgodnie z NEERI Handbook maksymalna żywotność rury DI wynosi 90 lat, a minimalna żywotność rury DI wynosi 70 lat. Z tego wynika, że średnia długość życia rury DI wynosi 80 lat. Podobnie, maksymalna żywotność rur RCC wynosi 30 lat, a minimalna żywotność rur RCC wynosi 10 lat. Z tego wynika, że średnia żywotność rur RCC wynosi 20 lat. Podobnie, maksymalna żywotność rur DWC wynosi 25 lat, a minimalna żywotność rur DWC wynosi 10 lat. Z tego wynika, że średnia żywotność rury DWC wynosi 17,5 roku. Tak więc przez 30 lat życia systemu rury DI nie będą wymagały żadnej wymiany, podczas gdy rury RCC i rury DWC będą wymagały jednej wymiany.
W związku z tym w DPR wybrano opcję I.

PORÓWNANIE KOSZTÓW ZATWIERDZONEGO SZCZEGÓŁOWEGO SPRAWOZDANIA Z PROJEKTU DLA KANALIZACJI MIASTA BERHAMPUR, WODOCIĄGU I KANALIZACJI ODISHY, BHUBANESWAR, TOM - I, KTÓRY ZOSTAŁ ZATWIERDZONY PRZEZ CPHEEO, MOHUD - ZMIENIONY Z MJP PUNE SOR.

Dla Rur RCC (NP-3), Rur DWC-HDPE (SN-8) i Rur DI (K-7) z MJP Pune SOR:

Sl. Nie.	Średnica	FOR w Maharasztrze RCC (NP-3) - Rs./m	FOR w Maharasztrze DWC HDPE (SN-8) - Rs./m	FOR w Maharashtra DI (K- 7) - Rs./m
1	200	455.00	640.00	1,328.00
2	250	540.00	1055.00	1,807.00
3	300	701.00	1629.00	2,245.00
4	350	1,239.00	-	2,947.00
5	400	1,388.00	2,198.00	3,390.00
6	450	1,651.00	-	4,100.00
7	500	1,833.00	3,630.00	4,785.00
8	600	2,415.00	5,525.00	6,245.00

9	700	3,218.00	-	8,530.00
10	800	3,911.00	8,958.00	10,805.00
11	900	4,518.00	-	13,240.00
12	1000	5,148.00	-	16,400.00
13	1100	6,394.00	-	20,930.00
14	1200	7,435.00	-	23,475.00

Porównanie kosztów kapitałowych pomiędzy Rurami RCC (NP-3), Rurami DWC-HDPE (SN-8) i Rurami DI (K-7) (biorąc pod uwagę koszt dostawy, koszt budowy i koszt podsypki tylko z wyłączeniem kosztów robót ziemnych) - (z kosztem z MJP Pune SOR):

Sl. Nie.	Opcja dla sieci kanalizacyjnej	RCC (NP-3) (Rs. In Crores)	DWC HDPE (SN-8) (Rs. In Crores)	DI (K-7) (Rs. In Crores)	Razem (Rs. In. Crores)
1	**Opcja I** (rura DWC do średnicy 250, rura DI od 300 mm do 700 mm i rura RCC powyżej 700 mm średnicy)	7.77	51.1	13.13	72
2	**Wariant II** (rura DWC o średnicy do 250 oraz Rura RCC o średnicy powyżej 250 mm)	18.19	51.09	0	69.28

Analiza Kosztów Cyklu Życia (LCCA) pomiędzy Rurami RCC (NP-3), Rurami DWC HDPE (SN-8) i DI (K-7) Rurami uwzględniającymi koszt dostawy, koszt montażu i koszt wyłożenia rur (z kosztem z MJP Pune SOR):

Sl. Nie.	Opcja dla sieci kanalizacyjnej	Efektywny koszt sieci kanalizacyjnej z rurami RCC w tym Wartość bieżąca netto 1 wymiany po 20 latach (Rs. In Crores)	Efektywny koszt sieci kanalizacyjnej z rurami DWC, w tym wartość bieżąca netto 1 wymiany po 17,5 roku (Rs. In Crores)	Efektywny koszt sieci kanalizacyjnej z rurami DI (Rs. In Crores)	Ogółem (Rs. In Crores)
1	**Opcja I** (rura DWC do średnicy 250, DI od 300 mm do 700 mm i RCC powyżej 700 mm średnicy)	14.22	94.52	13.13	121.87
2	**Opcja II** (rura DWC do średnicy 250 i RCC powyżej 250 mm średnicy)	33.29	94.50	0	127.79

18. PODSUMOWANIE

Z powyższej analizy porównawczej rur DI, RCC, DWC-HDPE i HDPE wynika, że Żelazo Sferoidalne klasy K7 nadaje się również do zastosowania w kanalizacji grawitacyjnej z wykładziną wewnętrzną i zewnętrzną wykonaną zgodnie z normą. Zastosowanie rur z żeliwa sferoidalnego w kanalizacji grawitacyjnej może być korzystne w obszarach o wysokim zwierciadle wody, w strefie przybrzeżnej i w środowisku korozyjnym dla betonu cementowego. Rury z żeliwa sferoidalnego mogą oferować w 100% szczelne złącza, eliminując w ten sposób możliwość infiltracji wody gruntowej wewnątrz kanału i przedostawania się ścieków do wody gruntowej. Czas budowy można skrócić dzięki łatwiejszej instalacji, obsłudze i dostępności rur DI o większej długości niż rury RCC.

Przy przygotowywaniu DPR-ów dla projektów kanalizacyjnych zaleca się przeprowadzenie analizy kosztów cyklu życia i innych analiz porównawczych zgodnie z podręcznikiem CPHEEO dla rur DI, RCC, DWC-HDPE i HDPE, a w związku z tym materiał, z którego wykonane są rury, może zostać przyjęty w kolejnych projektach.

Więc, sugerowana matryca rur jest -

1. Rura DWC HDPE SN 8 o średnicy do 250 mm.
2. Rura DI K7 z okładziną HAC od 300 mm do 700 mm.
3. Rura RCC o średnicy powyżej 700 mm.

++++

III. ROZWIĄZANIE DLA RUROCIĄGÓW Z ŻELIWA SFEROIDALNEGO DO TRANSPORTU MOKREJ ZAWIESINY POPIOŁU - POŁĄCZENIE I WYKŁADZINA

Autorzy:

1. Sabarna Roy
Senior Vice President (Business Development),
Electrosteel Castings Limited,
G. K. Tower,
19, Camac Street,
Kolkata - 700017.
Email: sabarnaroy@electrosteel.com

2. Rajat Chowdhury
Sr. Executive (Business Development),
Electrosteel Castings Limited,
G. K. Tower,
19, Camac Street,
Kolkata - 700017.
Email: rajat.chowdhury@electrosteel.com

ABSTRACT

Zasadniczo do takiego przenoszenia stosuje się rurociągi ze stali węglowej o odpowiedniej grubości zgodne z klasą API 5L lub rury żeliwne klasy D zgodne z IS 1536. Są one instalowane w aplikacjach naziemnych w celu uniknięcia korozji gleby i regularnej obsługi i konserwacji, które te rurociągi wymagają ze względu na zagrożenia stwarzane przez korozję i wyzwania związane ze ścieraniem. Rozwiązanie może być dwojakiego rodzaju -

1. **Instalacja naziemna** - Rury z żeliwa sferoidalnego ocynkowane (130 gm/m2) klasy K10 z okładziną epoksydową 1000 mikronów, posiadające standardowe połączenia kielichowe i króćcowe ułożone na podporach siodełkowych RCC.
2. **Instalacja podziemna** - Rury z żeliwa sferoidalnego ocynkowane (130 gm/m2) klasy K10 z tuleją polietylenową i okładziną epoksydową ceramiczną o grubości 1000 mikronów z połączeniami elektrolokowymi.

W kolejnych fragmentach będziemy rozumieć szczegóły następujących przepisów szczególnych kolejno:-

i. Electrolock Restrained Joints.
ii. Ceramiczna wykładzina epoksydowa.
iii. Socket and Spigot Jointing.
iv. Metoda Alabama obliczania długości połączenia skręcanego.

CZĘŚĆ A: ZŁĄCZE Z BLOKADĄ ELEKTROLITYCZNĄ

W pracującym rurociągu powstają siły nacisku przy zmianie kierunku, które mogą prowadzić do rozdzielenia połączeń. Rury i kształtki złączy skręcanych stosowane są w rurociągach z żeliwa sferoidalnego pod ciśnieniem, aby zapobiec rozdzieleniu się złączy na skutek działania sił nacisku. Do bardziej wymagających zadań związanych z unieruchomieniem, szczególnie w trudnym terenie, **Electrosteel** oferuje **samohamowny przegub Electrolock**. To dwukomorowe złącze gniazdowe wykorzystuje tę samą uszczelkę co tradycyjne złącze z drugą komorą zapewniającą zakotwienie za pomocą specjalnie zaprojektowanych pierścieni blokujących, które blokują się za pomocą zgrzewu wykonanego na czopie złącza. Przeguby Electrolock są już szeroko stosowane w różnych projektach. Rury Electrolock są dostarczane z kompatybilnymi złączkami Electrolock.

Podstawowe cechy:

- Potrafi wytrzymać bardzo duże ciśnienie.
- Dwie komory gniazdowe - jedna do uszczelniania, a druga do powstrzymywania ruchów osiowych.
- Uszczelnienie wody odbywa się za pomocą uszczelki wsuwanej, a utwierdzenie za pomocą listwy zgrzewającej i listwy blokującej.
- Normalna uszczelka do uszczelniania połączeń wciskanych.
- Po zakończeniu montażu, pręty zabezpieczające w częściach (jak pokazano na rysunku 1) należy umieścić w komorze blokującej. Spoina na króćcu zostaje zablokowana za pomocą listwy blokującej przed siłą rozdzielającą.
- Może być stosowany do zastosowań bezwykopowych, gdzie wszystkie rury z takimi połączeniami są stosowane w części bezwykopowej.
- Łatwy w montażu i demontażu w razie potrzeby.

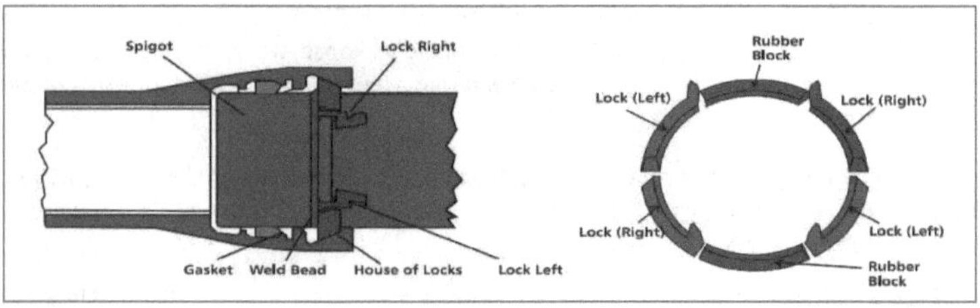

Rysunek 1

Maksymalne wartości ugięcia kątowego i ciśnienia dla różnych zakresów średnic przedstawiono w **tabeli 1** poniżej:

Tabela 1

DN	Maksymalne ugięcie kątowe	Aplikacja ciśnieniowa		
		PFA (Bar)	PMA (Bar)	PEA (Bar)
80	5	110	132	137
100	5	110	132	137
125	5	110	132	137
150	5	75	90	95
200	4	63	75.6	80.6
250	4	44	52.8	57.8
300	4	40	48	53
400	3	33	39.6	44.6
500	3	33	39.6	44.6

600	3	30	36	41
700	3	28	33.6	38.6

Przegub śrubowy z blokadą Electrolock: Wskazówki dotyczące instalacji

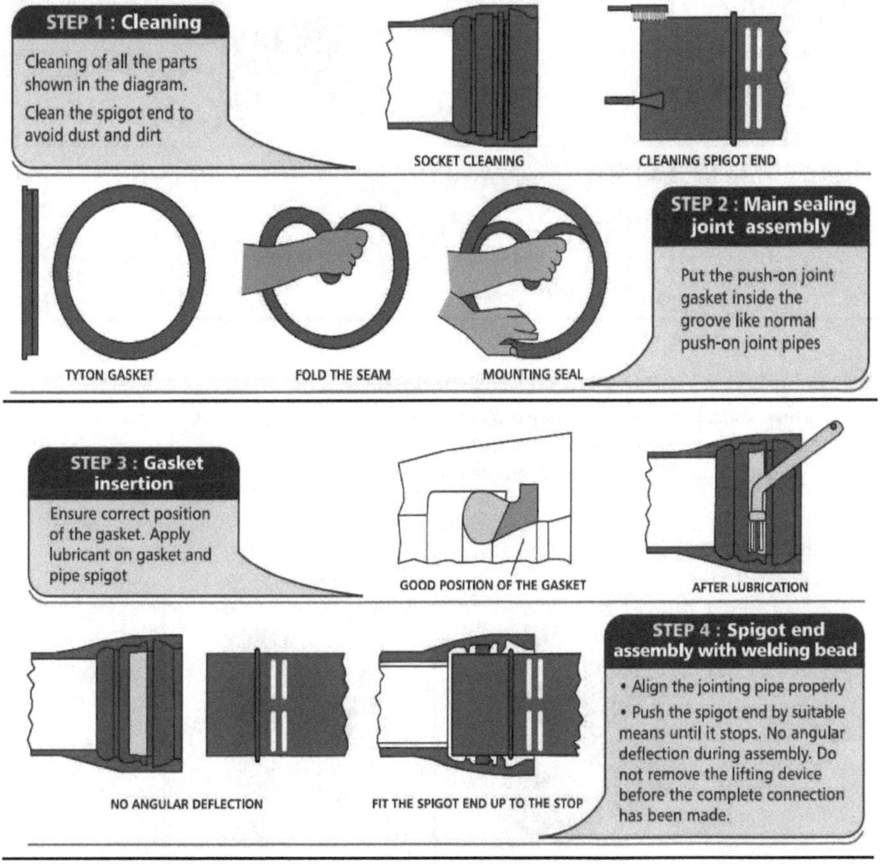

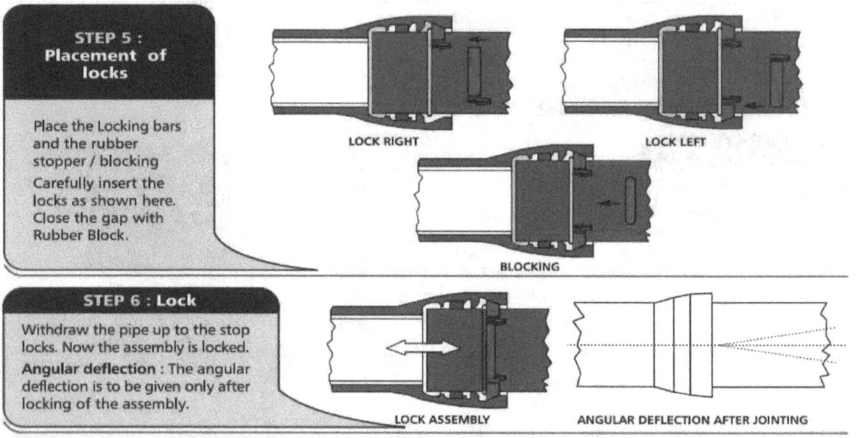

Demontaż końcówki króćca za pomocą stopki spawalniczej:

- Wepchnąć końcówkę króćca do oporu w mufie.
- Usunąć bloczki gumowe (kawałek gumy EPDM).
- Zdjąć metalowe zamki przez przewidziane do tego celu otwory.

Okucia do elektrozamka

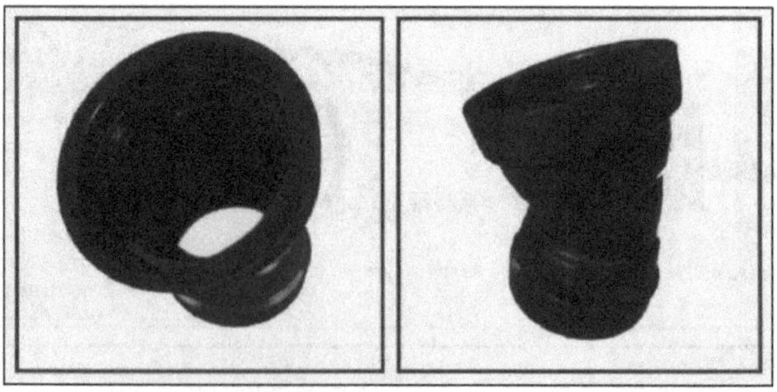

Rysunek 2: Zdjęcia złączy Electrolock.

CZĘŚĆ B: GNIAZDO I KRÓCIEC WCISKANY W ZŁĄCZE (DO STOSOWANIA NAD ZIEMIĄ)

Układanie rurociągu nad ziemią polega na określeniu
: - systemu nośnego, miejsca występowania rozszerzalności cieplnej, zakotwiczenia elementów poddawanych działaniu siły nacisku hydraulicznego.

Wspiera

Podczas układania rur na ziemi zwykle przestrzega się następujących punktów.

- jedno siodło na rurę,
- każda podpora za gniazdem,
- siodełko podporowe (α=120° to dobry środek ostrożności),
- zacisk mocujący z wykładziną gumową.

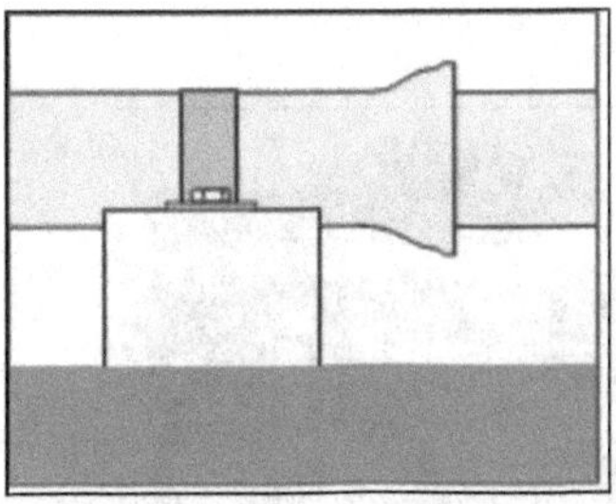

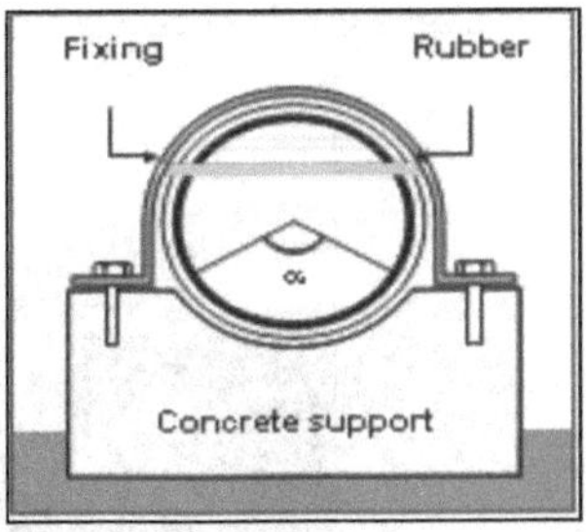

Rysunek 3: Podpory do układania rur nad ziemią.

Rozszerzalność cieplna

Zaletą rurociągów z żeliwa sferoidalnego jest to, że nie wymagają one instalacji absorberów rozprężnych.

Punkt stały: każda klamra musi być wystarczająco zabezpieczona, aby stanowiła punkt stały (należy użyć klamry o odpowiedniej szerokości).

Pomieszczenia dylatacyjne: złącze wtykowe pomiędzy poszczególnymi podporami działa jak absorber dylatacyjny, przyjmując wydłużenie długości rury (w dopuszczalnych granicach ΔT).

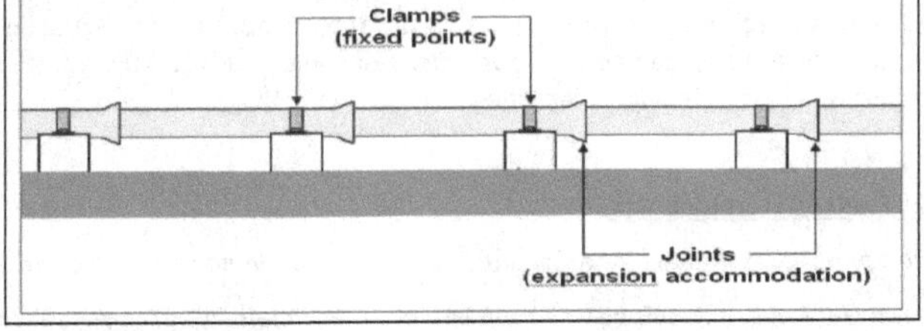

Rysunek 3: Położenie rury z zaciskami na podporach do układania rur nad ziemią.

Kotwiczenie

Każdy element narażony na nacisk hydrauliczny (łuki, trójniki, stożki) musi być stabilizowany za pomocą bloku kotwiącego.

- Zmiany kierunku związane z dużymi łukami promieniowymi mogą być negocjowane po prostu poprzez ugięcie połączenia (w określonych granicach). W tym przypadku należy zwrócić uwagę na wzmocnienie kotwienia siodełkowego odpowiednich rur, po dokonaniu oceny ciągów hydraulicznych w ugiętych miejscach połączenia.
- Zaleca się zapewnienie odpowiedniego marginesu bezpieczeństwa na wymiarach podparcia (siodełka i obejmy), aby skompensować siły hydrauliczne wynikające z ewentualnego niewspółosiowości rur.

Złącza - Gniazdo i króciec typu Socket & Spilet

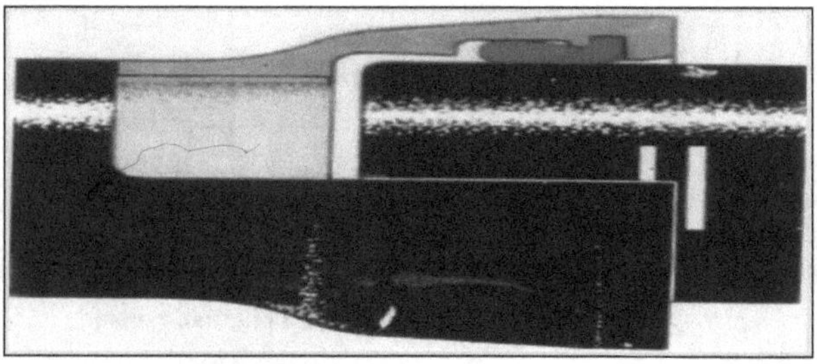

Rysunek 4: Widok przekroju poprzecznego połączenia z uszczelką

- Uszczelka gumowa izoluje jedną rurę od drugiej i zapobiega korozji elektrolitycznej w rurociągu.

Porozumienie o uszczelnianiu rur

- Wewnętrzny system rowkowania końcówki Socket trzyma uszczelkę.
- Uszczelka wyposażona jest we wnękę na uszczelkę, która jest integralnie dopasowana do dzwonu rury.
- Wewnętrzny kontur gniazda zapewnia gniazdo dla uszczelki.
- To odlewane zagłębienie, z odlewaną listwą oporową, zabezpiecza uszczelkę w odpowiedniej pozycji, gdy ukosowany koniec rury zostanie wepchnięty do domu. W ten sposób uszczelka zostaje ściśnięta, uszczelniając połączenie.

Uszczelki do rur z żeliwa sferoidalnego

Uszczelka jest jednym z głównych elementów, który zapewnia prawidłowe funkcjonowanie połączeń.

Uszczelki są dostarczane zgodnie z IS: 5382 - 1985 (zmieniona w maju 2002) - Specyfikacja dla gumowych pierścieni uszczelniających do sieci gazowych, wodnych i kanalizacyjnych.

Uszczelki gumowe stosowane do łączenia rur DI są skonstruowane poprzez połączenie dwóch rodzajów gum o różnej twardości (zwykle 40-50 Shore przy bańce i 80 Shore przy pięcie). Twarda guma jest używana do budowy pięty lub części kotwiącej uszczelki, podczas gdy miękka guma jest używana do budowy bańki uszczelniającej.

W rzeczywistości ciśnienie wewnętrzne jest przykładane do bańkowej części gumowej uszczelki (która działa jak uszczelka zapobiegająca wyciekaniu), podczas gdy wywierana siła jest równoważona przez mocniejszą część piętową uszczelki. Stwierdzono, że po zastosowaniu ciśnienia wewnętrznego sprężona uszczelka gumowa próbuje odzyskać kształt żarówki, co powoduje, że połączenie jest szczelniejsze, zapewniając tym samym 100% szczelność.

Utrzymanie ciśnienia i szczelność uszczelek

Jak pokazano na rysunku, gdy P > Pj +Pf, połączenie jest w 100% szczelne i zawsze jest to P > Pj +Pf

1. Test typu ECL przy nadciśnieniu wewnętrznym 53 kg/cm², z ugięciem i bez ugięcia nie wykazał nieszczelności.
2. Został on przetestowany do 1000 psi (70 Kg/cm²) Ciśnienie wewnętrzne i 430 psi (30 Kg/cm²) Ciśnienie zewnętrzne z NO LEAKAGE lub INFILTRATION - DIPRA.

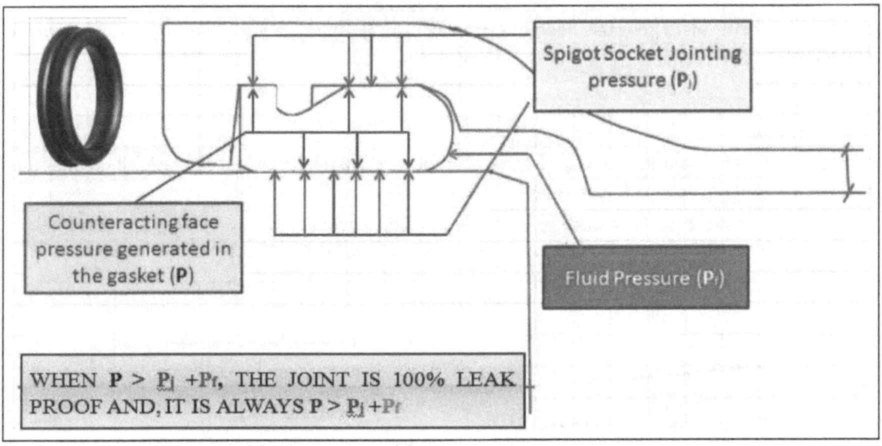

Rysunek 5: Schematyczny schemat sił działających na uszczelkę gumową.

Właściwości EPDM (Ethylene Propylene Diene Monomer) Uszczelka gumowa:

Zakres twardości (Shore A):	40-90
Gęstość właściwa:	0.86
Odporność na ścieranie:	Doskonały
Odporność na łzawienie:	Doskonały
Odporność na trwałe odkształcenie przez ściskanie:	Doskonały
Odporność na utlenianie:	Doskonały
Maksymalna temperatura użytkowania:	140° C

Starzenie się uszczelek do rur z żeliwa sferoidalnego:

Zmiana właściwości mechanicznych elastomerów w czasie może być wskazywana przez dwa zjawiska:

- Pełzanie (rosnące odkształcenie pod stałym obciążeniem).

- Zrelaksowanie (rozluźnienie ściskania przy stałej deformacji).

W przypadku złączy kielichowych, uszczelnienie uzyskuje się poprzez docisk metalu do uszczelki. Odkształcenie elastomeru powstałe podczas łączenia pozostaje stałe. Zjawisko relaksu jest więc jedynym interesującym zjawiskiem.

Pomiar relaksacji:

Rozluźnienie elastomerów jest określane przez procedurę, która mierzy zmianę w czasie siły wymaganej do ściskania próbki o stałym odkształceniu.

Powyższy wykres przedstawia relaksację w temperaturze otoczenia EPDM stosowanego w połączeniach rur z żeliwa sferoidalnego stosowanych w instalacjach zaopatrzenia w wodę pitną i nawadniania.

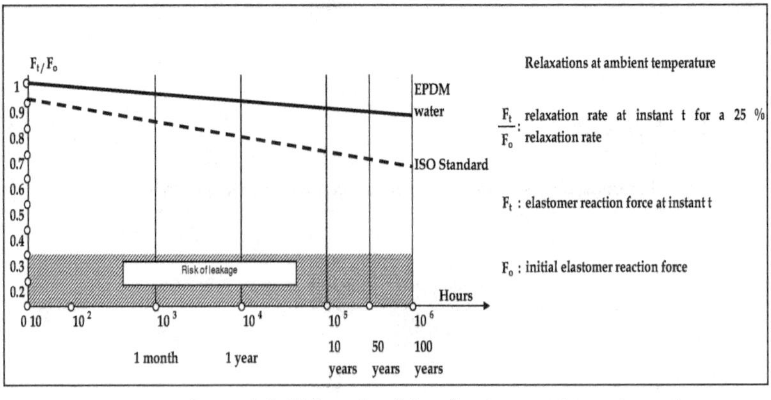

Rysunek 6: Obliczanie relaksacji w temperaturze otoczenia

Łączenie Dopuszczalne ugięcie podczas układania

Dopuszczalne ugięcie dla różnych zakresów średnic podano w tabeli 2.

Tabela 2

DN	Dopuszczalny Odchylenie po kładąc (Stopnie)	Długość rury (m)	Promień krzywizny R (m)	Maksymalne przemieszczenie Δ (cm)
80-150	$3^{.50}$	5.5	90	34
200 - 300	$3^{.50}$	5.5	90	34
350 - 600	$2^{.50}$	5.5	126	24
700 - 800	$1^{.50}$	5.5	210	14
900 - 1200	$1^{.50}$	5.5	210	14

Typ Test złączy: Szczelność połączeń na dodatnie i ujemne ciśnienie wewnętrzne:

- Końcówka króćca jest obrobiona do minimum.
- Otwór w gnieździe jest obrabiany do maksimum.
- Połączenie zmontowane z uszczelką i obciążeniem ścinającym przyłożone jest na końcu króćca.
- Połączenie jest badane pod ciśnieniem wyższym niż ciśnienie próbne robocze z ugięciem i bez ugięcia połączenia.

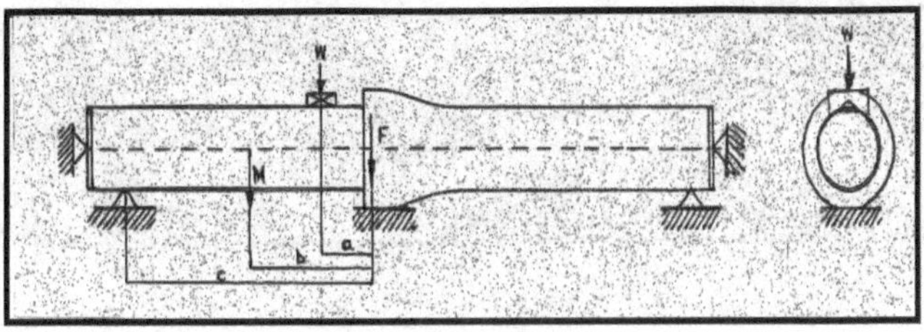

Rysunek 7: Schematyczny schemat zespołu badania typu.

Typ Wyniki badań

Wyniki uzyskane z badania typu są podane w tabeli 3 poniżej:

Tabela 3

DN	Lokalizacja testowa	Rodzaj testu	Siła ścinająca	Ciśnienie	Czas trwania pomocy	Dopuszczalny spadek ciśnienia	Uwagi
(mm.)			(Newton)	(kg./cm2)	(min.)	(kg./cm2)	
800	WIELKA BRYTANIA	I	57500	53.0	120	0.50	Brak wycieku
800	WIELKA BRYTANIA	I (4.^{50})	--	53.0	120	0.50	Brak wycieku
800	WIELKA BRYTANIA	II	40000	2.0	120	0.10	Brak wycieku
800	WIELKA BRYTANIA	III	40000	-0.9	120	0.09	Brak wycieku

I=Nieszczelna szczelność połączeń na nadciśnienie wewnętrzne (bez ugięcia).

I (4.^{50}) = Szczelność połączeń na nadciśnienie wewnętrzne (z ugięciem).

II = Szczelność połączeń na nadciśnienie zewnętrzne.

III =Nieszczelność połączeń na podciśnienie wewnętrzne.

Rysunek 8

Rysunek 9

Rysunki 8 i 9: Zdjęcia z badania szczelności połączeń rur z żeliwa sferoidalnego.

CZĘŚĆ C: NAJTWARDSZA PODSZEWKA, ELEKTROTUFF: RURY I KSZTAŁTKI Z ŻELIWA SFEROIDALNEGO Z WYKŁADZINĄ Z CERAMIKI EPOKSYDOWEJ

Electrosteel Castings Ltd. produkuje rury i armaturę z żeliwa sferoidalnego do transportu wody słodkiej i odprowadzania ścieków. Ponad 5 dekad doświadczenia i globalna obecność w ponad 50 krajach na całym świecie, stanowią solidną podstawę do wprowadzenia ELECTROTUFF - nowego rozwiązania dla rurociągów kanalizacyjnych.

Electrosteel oferuje rury do zastosowań kanalizacyjnych i ściekowych z wytrzymałą wykładziną, która charakteryzuje się doskonałą odpornością chemiczną i na ścieranie, a także doskonałą wytrzymałością mechaniczną i szczelnością. Dla rurociągów, które mają przenosić ścieki, wody procesowe lub różne rodzaje ścieków, zarówno domowych, jak i przemysłowych, ELECTROTUFF jest właściwym wyborem.

- Jest to rezultat ciągłych badań i rozwoju.
- Lepsze niż rury i kształtki z konwencjonalną okładziną/ powłoką.
- Stosowana farba jest farbą na bazie epoksydów, indukowaną ceramicznym materiałem wypełniającym.
- Materiał ten, w odpowiedniej strukturze i ilości, czyni powłokę nieprzepuszczalną.
- Chemicznie obojętna, nieprzepuszczalna powłoka oferuje wysoką odporność na korozję chemiczną.
- Zwiększa również odporność na ścieranie i uszkodzenia mechaniczne.
- ELECTROTUFF był stosowany w USA, Europie i na rynkach indyjskich.

Profil produktu

Nazwisko: ELECTROTUFF

Opis: Rury i kształtki z żeliwa sferoidalnego marki Electrosteel są wewnętrznie wyłożone nieprzepuszczalnym, ceramicznym systemem o podwyższonej odporności, zawierającym minimum 20% ceramicznego pigmentu kwarcowego, rozproszonego w żywicy epoksydowej na bazie fenolu.

Specyfikacja: BS EN 598, ISO 7186, JEST 8329

Powszechne zastosowanie: Ścieki domowe i komunalne, Ścieki i ścieki przemysłowe, Woda z cząstkami stałymi prowadzącymi do ścierania ścian wewnętrznych, Wyciek wody z dużą szansą na biologicznie indukowaną korozję.

Colors & Finish: Jasnozielony z wykończeniem półpołyskowym.

Grubość suchej powłoki (DFT): 40 mils (1000 mikronów) (minimum).

Odporność na temperaturę: (Suchy) Ciągły 2750F (1350C) Przerywany ^{3000F} (1490C).

Zarys produkcji:

Electrosteel nanosi ceramiczną wykładzinę epoksydową w samej fabryce. Daje to pełną kontrolę nad jakością rury/powłoki wraz z jakością powłoki, która obejmuje przygotowanie powierzchni, nakładanie okładzin/powłoki i monitorowanie poprzez wydajność, jak również rutynowe testy. Nasza fabryka działa zgodnie z normami ISO 9001 i ISO 14001.

Przygotowanie powierzchni:

Przygotowanie powierzchni polega nie tylko na oczyszczeniu jej z luźnego pyłu, oleju itp., ale również na opracowaniu odpowiedniego profilu powierzchni, równoważnego ze standardem szwedzkim SA2-1/2, a także profilu kotwiącego o wartości minimum 3,0 mils (76,2) mikrona. Powierzchnia jest śrutowana we wbudowanym urządzeniu, przy użyciu znormalizowanego materiału ściernego (zgodnie z ASTM D 4417, Metoda C).

Zastosowanie wyściółki:

Natychmiast po przygotowaniu powierzchni, rury/złączki są przekazywane do powlekania. Powłoka jest nakładana przez system Plural airless z komputerowym oprogramowaniem sterującym, które zapewnia stałą jakość przy wymaganej grubości. Powłoka w środowisku o niskiej temperaturze zapewnia minimalne naprężenia resztkowe powłoki.

Kluczowe korzyści z ELEKTROTUFF:

i. Wykazuje najwyższą mechaniczną siłę wiązania z metalowym podłożem.
ii. Jest odporny na długotrwałą ekspozycję na środowisko o działaniu korozyjnym.
iii. Doskonała odporność na ścieranie i uszkodzenia mechaniczne.
iv. Nieprzepuszczalna powłoka jest odporna na atak chemiczny.

v. Skutecznie chroni przed korozją gazów ściekowych.

Ocena wydajności: Eksperymenty i wyniki badań

Rury ELECTROTUFF są dokładnie badane pod kątem ścierania, przyczepności, przepuszczalności, odkładania katodowego i odporności chemicznej. We wszystkich testach wykazały one lepsze właściwości niż obecnie stosowane zabezpieczenia wewnętrzne rur i kształtek do takich zastosowań, które podano w tabeli 4 poniżej.

Tabela 4

Sl. Nie.	**Przeprowadzone testy**	**Odpowiednia norma**	**Metoda badania**	**Wymóg dotyczący wydajności**
1.	Test na ścieranie	ASTM D 4060-07	(CS-17 Koło, 1.000 cykli, 1.000 gram obciążenia)	Nie więcej niż 76 mg utraty, średnia z trzech badań
2.	Badanie typu abrazji A	BS EN 598: 2007+A1: 2009	Ścieranie kołyskowe 50000 cykli	Nie więcej niż 0,01 mm (0,6 mils) grubości ubytku powłoki
3.	Badanie typu abrazji B	BS EN 598: 2007+A1: 2009	Ścieranie kołyskowe 100000 cykli	Nie więcej niż 0,14 mm (5,5 milsów) grubości utraty powłoki
4.	Test przyczepności	ASTM D 4541-09	Metoda E, tester typu V, punktowany	Nie mniej niż 1,131 psi (7,8 MPa) ciągnięcia, średnio trzy próby
5.	Oddzielenie katodowe	ASTM G 8-96 (2003)	Stosuje się przy średniej 37 mils DFT i utwardza przez 14 dni w temperaturze 24°C (75°F).	Nie więcej niż 0,00 cala (0,00 mm) średnicy równoważnego koła rozłącznego, średnia z dwóch badań
6.	Zanurzenie chemiczne	NACE TM 0174-2002.	Roztwór NACE wystawiony na działanie białego metalu metodą strumieniowo-ścierną Oczyszczony i utwardzony 30 dni w temperaturze 24°C (75°F)	Brak pęcherzy, pęknięć, kontroli, erozji lub rozwarstwienia folii po roku ciągłego zanurzenia w temperaturze 22°C (72°F).
7.	Odporność chemiczna Badanie typu	BS EN 598: 2007+AI: 2009	Odczynniki nakładane na rury z żeliwa sferoidalnego i utwardzane 14 dni w temperaturze 24°C (75°F)	Brak pęcherzyków, odklejania się, zmiękczania, odbarwiania lub utraty połysku po sześciu miesiącach zanurzenia, recyrkulacja przy 1,0 litra/min i utrzymanie w temperaturze 18°C (64°F)
8.	Twardość powłoki	ASTM D 2240-05.	Utwardzany przez 30 dni w temperaturze 24°C (75°F)	Nie mniej niż twardość Shore'a typu D wynosząca 78, średnia z pięciu testów
9.	Zanurzenie w wodzie	ASTM D 870-09.	Ciągłe zanurzenie na 4000 godzin w wodzie dejonizowanej o temperaturze 140°F po utwardzeniu przez 14 dni w temperaturze 24°C (75°F).	Brak rdzewienia, pękania, sprawdzania lub rozwarstwienia folii

10.	Próba w opryskiwaniu solą (mgła)	ASTM B 117-09.	Ekspozycja przez 5.000 godzin po utwardzeniu przez 14 dni w temperaturze 24°C (75°F)	Brak pęcherzyków, pęknięć i rozwarstwień folii
11.	Test absorpcji wody	ASTM C 413-01 (2006).	Zanurzenie w wodzie po utwardzeniu przez 14 dni w temperaturze 24°C (75°F)	Brak absorpcji wody
12.	Przenoszenie pary wodnej	ASTM D 1653-03 (2008)	(metoda B: mokry kubek, stan C)	Nie więcej niż 1,25 g/m2 na 24h przepuszczalności pary wodnej (WVT) i nie więcej niż 0,09 perms (0,06 perms) przepuszczalności pary wodnej (WVP), średnia z trzech badań

CZĘŚĆ D: METODA ALABAMA OBLICZANIA DŁUGOŚCI POŁĄCZENIA SKRĘCANEGO

Obliczanie długości do zakotwiczenia (Metoda Alabama):

Obliczenie długości zakotwienia jest niezależne od zastosowanego systemu kotwienia.

Wyznaczenie wymaganej długości dla rury stawu skręcanego na zgięciu poziomym, zgodnie z rysunkiem 10:

$$L = \frac{SfPA \tan(\theta/2) \; X \; 10^3}{Ff + (1/2) \; X \; Rs}$$

Gdzie,

L = Długość przewodów rurowych utwierdzonych na końcach martwych (m)

P = Ciśnienie obliczeniowe (MPa)

A = Powierzchnia przekroju poprzecznego rur (^{m2})

Θ = Kąt zgięcia (stopień)

Sf = Współczynnik bezpieczeństwa.

Ff = Fs = jednostkowy opór tarcia dla standardowej rury z powłoką asfaltową (KN/m)

Rs = opór łożyska jednostkowego (KN/m)

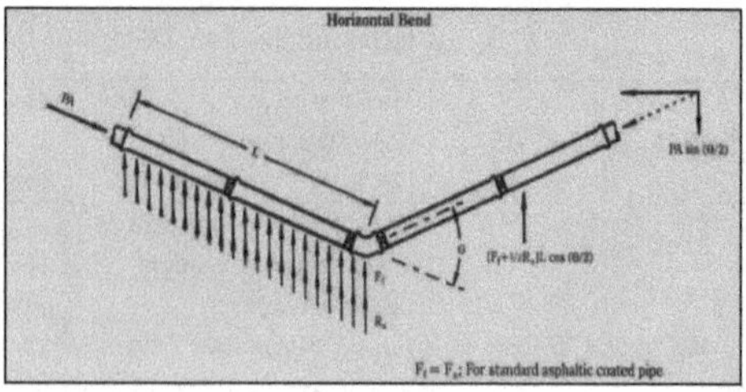

Rysunek 10

Wyznaczenie wymaganej długości dla Rury Mufy Usztywnionej na Martwych Końcach zgodnie z Rysunkiem 11:

$$L = \frac{Sf\ PA\ x\ 10^3}{Ff}$$

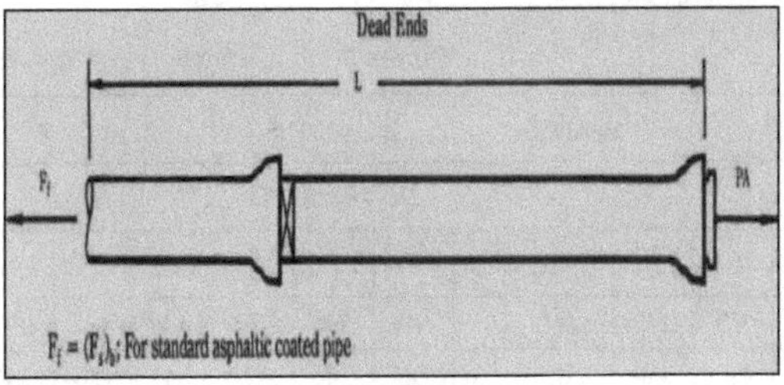

Rysunek 11

Gdzie:

L = Długość przewodów rurowych utwierdzonych wymagana dla końcówek martwych (m)

P = Ciśnienie obliczeniowe (MPa)

A = Powierzchnia przekroju poprzecznego rur (^{m2})

Sf = Współczynnik bezpieczeństwa.

Ff = Fs = jednostkowy opór tarcia dla standardowej rury z powłoką asfaltową (KN/m)

Rozważenia dotyczące określenia wymaganej długości rur powstrzymujących:

P = ciśnienie projektowe. = 1 MPa

Θ = Kąt zgięcia (dgree).

Sf = Współczynnik bezpieczeństwa. = 1.5

ϒ = Zasypywanie gleby w stanie zanurzonym (w wodzie). = 8 KN/m3

Uwaga:

Rodzaj gleby - Muł 1 (Muł o średniej do niskiej plastyczności).

Stan ułożenia - typ 3 (zgodnie z normą ANSI/AWA C150/A21.50).

Poniższe wartości są zaczerpnięte z tabeli 3 DIPRA dla wyżej wymienionych warunków glebowych i rodzaju układania:

Kn = modyfikator stanu wykopu = 0.4

fc = Współczynnik spójności gleby. = 0

Cs = Spójność gleby (KN/m2) = 0

Φ = Wewnętrzny kąt tarcia gruntu. = 29°

Fφ = Współczynnik wewnętrznego kąta tarcia gruntu. = 0,75

$N\varphi = \tan2 (45 + \varphi/2) \qquad = 2.884$

Długość w metrach, która ma być utwierdzona po obu stronach zgięcia dla ciśnienia 1,0 Mpa o współczynniku bezpieczeństwa 1,5, podano w tabeli 5:

Tabela 5

DN	Bend 90^0			Bend 45^0			Bend 22 $1/2^0$			Bend 11 $1/4^0$			Blank Flange		
	Depths of Cover														
	1.0 m	1.5 m	2.0 m	1.0 m	1.5 m	2.0 m	1.0 m	1.5 m	2.0 m	1.0 m	1.5 m	2.0 m	1.0 m	1.5 m	2.0 m
80	5.73	4.50	3.71	2.37	1.86	1.54	1.14	0.90	0.74	0.56	0.44	0.37	7.54	6.24	5.32
100	7.40	5.72	4.67	3.06	2.37	1.93	1.47	1.14	0.93	0.73	0.56	0.46	9.99	8.13	6.85
150	11.85	8.94	7.18	4.91	3.70	2.97	2.36	1.78	1.43	1.17	0.88	0.71	16.84	13.28	10.96
200	16.33	12.16	9.68	6.76	5.03	4.01	3.25	2.42	1.93	1.61	1.20	0.95	24.02	18.57	15.14
250	20.73	15.32	12.15	8.59	6.35	5.03	4.12	3.05	2.42	2.04	1.51	1.20	31.27	23.88	19.32
300	25.01	18.41	14.57	10.36	7.63	6.03	4.97	3.66	2.90	2.46	1.81	1.43	38.44	29.13	23.45
350	29.19	21.46	16.96	12.09	8.89	7.03	5.81	4.27	3.37	2.88	2.11	1.67	45.59	34.36	27.56
400	33.12	24.34	19.24	13.72	10.08	7.97	6.59	4.84	3.83	3.26	2.40	1.90	52.33	39.33	31.50
450	36.90	27.15	21.48	15.28	11.25	8.90	7.34	5.40	4.27	3.63	2.67	2.12	58.89	44.19	35.36
500	40.62	29.94	23.71	16.82	12.40	9.82	8.08	5.96	4.72	4.00	2.95	2.34	65.36	49.03	39.23
600	47.58	35.25	27.99	19.71	14.60	11.59	9.46	7.01	5.57	4.69	3.47	2.76	77.57	58.27	46.66
700	54.09	40.30	32.11	22.40	16.69	13.30	10.76	8.02	6.39	5.33	3.97	3.16	89.10	67.13	53.85
800	60.16	45.11	36.08	24.92	18.68	14.95	11.97	8.97	7.18	5.93	4.44	3.55	99.88	75.58	60.79
900	65.77	49.64	39.86	27.24	20.56	16.51	13.08	9.87	7.93	6.48	4.89	3.93	109.86	83.53	67.39
1000	71.00	53.94	43.49	29.41	22.34	18.01	14.12	10.73	8.65	6.99	5.31	4.28	119.20	91.11	73.73

++++

IV. KOSZT CYKLU ŻYCIA RUR HDPE, GRP, MS I DI ZGODNIE Z INSTRUKCJĄ OBSŁUGI CENTRALNEJ SIECI NAWADNIANIA CIŚNIENIOWEGO - ISO: 24516 I NEERI HANDBOOK

Autorzy:

1. **Sabarna Roy**
Senior Vice President (Business Development),
Electrosteel Castings Limited,
G. K. Tower,
19, Camac Street,
Kolkata - 700017.
Email: sabarnaroy@electrosteel.com

2. **Rajat Chowdhury**
Sr. Executive (Business Development),
Electrosteel Castings Limited,
G. K. Tower,
19, Camac Street,
Kolkata - 700017.
Email: rajat.chowdhury@electrosteel.com

ABSTRACT

Cykl życia jest to okres (zwykle wyrażony w liczbie lat) okresu użytkowania składnika aktywów kapitałowych. Innymi słowy, jest to okres, w którym składnik aktywów kapitałowych może działać w dopuszczalnych granicach przy normalnych naprawach i konserwacji. Okres ten nazywany jest również Design Useful Service Life (DUSL). DUSL to liczba lat, dla których dokonuje się analizy. Należy przyjąć, że jest to najdłuższy DUSL wśród konkurujących materiałów.

Koszt cyklu życia jest to całkowity koszt, jaki należy ponieść na nabycie, utrzymanie i eksploatację składnika aktywów w trakcie "cyklu życia". W kontekście systemu transportu wody, koszty te są następujące:

a) Zgodnie z kosztami instalacji (pompownie, zbiorniki, rury, armatura, specjalności itp.)
b) Koszty operacyjne systemu (opłaty za energię elektryczną, paliwo itp.)
c) Koszty utrzymania systemu.

Life Cycle Cost Analysis (LCCA) jest narzędziem analitycznym, które ocenia koszt produktu w całym jego cyklu życia. LCCA jest stosowany przez rządy i przemysł na całym świecie w celu uzyskania pełnego zrozumienia cyklu życia produktu lub procesu i zapewnienia decydentom narzędzia do podejmowania właściwych decyzji.

LCCA jest powszechnie nazywana analizą "od kołyski do grobu". LCCA doskonale nadaje się do porównywania alternatywnych produktów o różnych kosztach w całym okresie użytkowania.

Badanie to zostało przeprowadzone przez autorów w celu złożenia wniosku do Departamentu Zasobów Wodnych Rządu Odishy o opracowanie polityki dotyczącej stosowania różnych rodzajów produktów rurowych w różnego rodzaju projektach irygacyjnych, które mają zostać przyjęte w Odishy w oparciu o analizę kosztów cyklu życia opisaną w punkcie nr. 5.4 Podręcznika CWC PIN strony 26 do 31. Jest on obecnie przedmiotem przeglądu prowadzonego przez rząd Odishy w dniu przedłożenia dokumentu.

Analiza kosztów cyklu życia: Podstawowa koncepcja kosztu cyklu życia (LCC).

Woda jest dostarczana przez rury na przestrzeni wieków. Dzięki różnym technologiom wynalezionym na przestrzeni czasu, różne rodzaje materiałów rurowych są opracowywane i stosowane w różnych częściach świata. Przy tak wieloletniej praktyce władze doświadczyły bezpośrednich i pośrednich konsekwencji kosztów, które należy uwzględnić przy projektowaniu rurowych systemów irygacyjnych. Bardzo ważne jest, aby wziąć pod uwagę koszt cyklu życia systemu dostaw rur, przy jednoczesnym osiągnięciu najbardziej odpowiednich i ekonomicznych średnic rur oraz właściwego doboru materiału rur.

Koszt cyklu życia jest wyrażony jako: CLCC = CC + CO + CRL + CM + CR + CD

Gdzie,

CLCC	=Life	Cycle Cost,
CC	=	Koszt budowy,
CO	=	Koszty operacyjne,
WLR	=Powrót do strat z powodu	wycieków,
CM	=Kosztowne remonty	i naprawy,
CR	=koszty	wymiany rur na materiał o krótkim czasie życia,
CD	= Koszt usunięcia	.

Koszt budowy

Koszt budowy (CC) obejmuje koszt materiału rur i związane z nim koszty układania

CC = CP + CL

Gdzie CP oznacza koszt materiału rurowego CL oznacza koszt układania

Koszt eksploatacji

Koszty eksploatacji (CO) są obliczane z uwzględnieniem zużycia energii elektrycznej niezbędnej do pracy pomp w okresie realizacji projektu.

Strata dochodów spowodowana wyciekami wody

Utratę dochodów z powodu wycieków (WLR) należy uwzględnić w analizie kosztów cyklu życia. Przy obliczaniu strat w dochodach wynikających z wycieków wody uwzględnia się odpowiednią taryfę wodną.

Konserwacje i koszty napraw

Koszty konserwacji i napraw (CM) mogą być opracowywane w przeliczeniu na metr jako ułamek kosztów budowy, a następnie kapitalizowane w okresie trwania projektu.

Koszty wymiany

Uwzględnienie kosztów wymiany (CR) jest niezbędne w przypadku rur o krótszym okresie eksploatacji w porównaniu z okresem realizacji projektu.

<u>Koszt utylizacji</u>

Koszty utylizacji (CD) stanowią całkowity koszt usunięcia rurociągu, utylizacji odpadów i wartości odzysku, w przypadku gdy materiał z rury nadaje się do recyklingu.

<u>Obecna wartość szacunkowa z eskalacją</u>

<u>Kapitalizacja rocznych wydatków kosztowych:</u>

Schemat przepływów finansowych, w którym uwzględniono ryczałtową stawkę rocznych opłat, takich jak straty wynikające z wycieków lub koszty utrzymania, jest taki, jak podano poniżej:

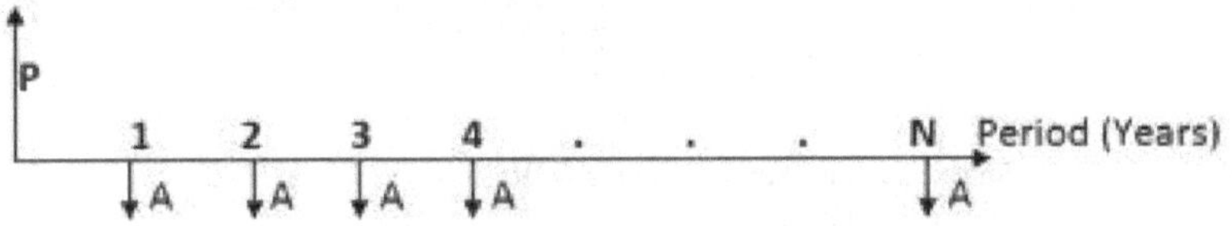

Obecna wartość w tym przypadku jest obliczana jako:

$$P = \left[\frac{(1+i_r)^n - 1}{i_r (1+i_r)^n} \right]$$

Gdzie, P = Present Worth

A = Koszt roczny

i_r = Stopa procentowa

n = liczba lat

Wartość bieżącą, w przypadku inflacji, której wykres przepływu podano na rysunku B poniżej, oblicza się w następujący sposób:

$$P_{\text{inf}} = \left[\frac{(1+w)^n - 1}{w(1+w)^n} \right] \frac{1}{(1+i_f)}$$

Gdzie, i_f = stopa inflacji

Gdzie, w, jest obliczany jako: $w = \left[\frac{(1+i_r)}{(1+i_f)} - 1 \right]$

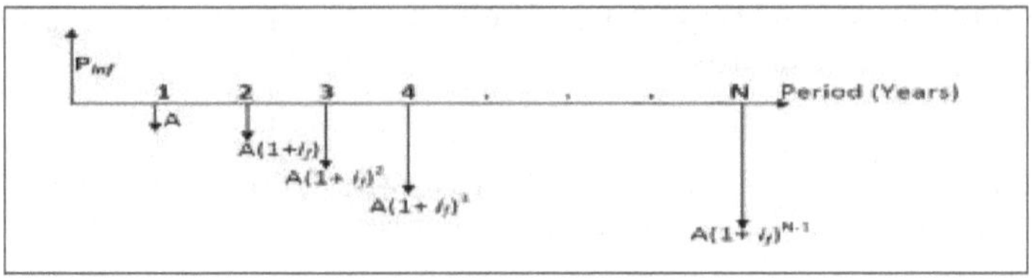

Rys. B Schemat przepływu w przypadku inflacji

Kapitalizacja kosztów odtworzenia:

Koszty odtworzenia są opracowywane w odniesieniu do powyższego sformułowania i indywidualnie wartość bieżąca jest obliczana w odniesieniu do dominującej stopy procentowej, w następujący sposób,

$$Pn_1 = \left[\frac{C(1+i_f)^{n_1}}{(1+i_r)^{n_1}} \right]$$

Schemat przepływów finansowych dla kosztów wymiany jest zgodny z rysunkiem C

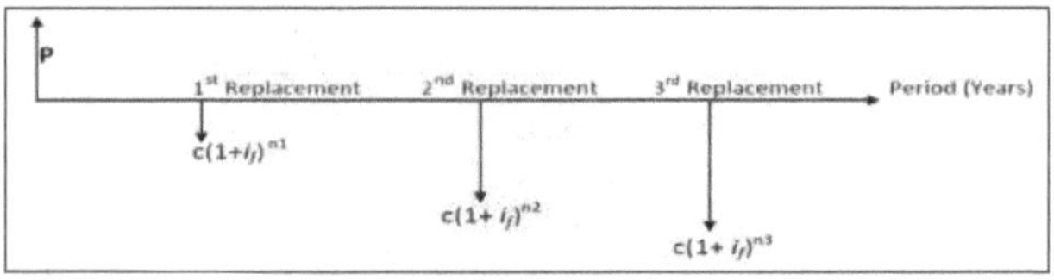

Rys. C Schemat przepływu dla kosztów wymiany

Uwzględnienie kosztów cyklu życia rur HDPE, GRP, MS i DI zgodnie z podręcznikiem CWC PIN - ISO: 24516 i NEERI Handbook:-

1. Uwzględnienie stawek:

    a) Stawki dostaw dla rur HDPE (PN 6, PE - 100 Grade) pochodzą z punktu - 15 Standardowej Tabeli Stawek Telangany na lata 2017-18.
    Stawki za układanie, łączenie i testowanie rur HDPE pochodzą z pozycji - 15, stron - 3 i 4 Standardowego Zestawienia Stawek Telangany na rok 2017-18.

    b) Ceny dostaw, układania, łączenia i testowania rur GRP (Klasa Sztywności 124 Kpa, 9 bar) pochodzą z pozycji - 32 (Sl. No.1 i 2) Standardowego Zestawienia Stawek Telangany na rok 2017-18.

    c) Stawki dostaw dla rur MS (z wewnętrzną żywiczną powłoką epoksydową o grubości 406 mikronów i zewnętrzną powłoką epoksydową o grubości 406 mikronów) podane są w punkcie - 10 Standardowego harmonogramu stawek Tablicy Zaopatrzenia i Odwadniania Tamilskiego Nadu na rok 2017-18.
    Kładzenie, łączenie i testowanie Rury MS są pobierane ze Sl. Nr 2, poz. 14, Standardowego Rozkładu Stawek Telangany na lata 2017-18.

d) Stawki dostaw dla rur DI (dla DN 100 - DN 1000 klasa K7 i dla DN 1100 - DN 1200 klasa K9) podane są w punkcie - 21 (Sl. nr 1) Tabeli stawek Telangany na rok 2017-18.

Stawki za układanie, łączenie i kontrolę rur DI (DN 100 - 1000 K7, DN 1100 - 1200 K9) zaczerpnięto odpowiednio z pozycji nr 7a (str. - 191), 8b (str. - 192) i 11e (str. - 201) Standardowego harmonogramu stawek Związku Wodociągów i Odwodnień Tamilskiego Nadu na lata 2017-18.

2. Poszczególne parametry oraz oprogramowanie do analizy kosztów cyklu życia są rozpatrywane zgodnie z tabelą 5.1 zatytułowaną: Ilustracja obliczeń dla analizy LCC w oparciu o założone parametry podręcznika CWC PIN.

3. Za wartość ratunkową przyjmuje się wartość materiałów rurowych: 50% dla HDPE, 10% dla GRP, 90% dla Mild Steel i 100% dla DI Pipes.

Inne dane:

1. Project Life, n = 50 lat
2. Stopa odsetek od inwestycji kapitałowych, Ir = 10 % w skali roku
3. Stopa inflacji dla kosztów odtworzenia, If = 6 % rocznie
4. Długość rury, L = 10 km
5. Średnia prędkość, V = 1,2 m/s
6. Zmodyfikowany Współczynnik Hazena-Williama(CR) pochodzi z tabeli 3.4 (strona 17) wytycznych CWC PIN.
7. Straty z tytułu wycieków jako procent dostarczonej ilości, Ql = 5% na kumulację
8. Koszty napraw i konserwacji jako procent kosztów budowy = 5% rocznie
9. Moc jednostkowa = 3,5 Rs/Jednostka
10. Liczba dni, przez które rura biegnie w roku przy dwóch uprawach = 240 dni
11. Opłaty za wodę = Rs 7 na kumulację
12. Łączna sprawność pompy - jednostki silnikowej = 75 %.

Żywotność materiału rur (lub okres wymiany)

W tabeli 5.2 Porównanie różnych materiałów, z których wykonane są rury zgodnie z wytycznymi CWC PIN, w części Projektowana żywotność użytkowa, podano żywotność rur z dwóch źródeł.

1. **ISO/FDIS 24516-1:2016(E) (załącznik B):** Minimalny i maksymalny okres eksploatacji każdego typu rury, w oparciu o doświadczenie, jest przedstawiony w normie ISO FDIS 24516-1.

Rodzaj rury	Maksymalne życie (lata)	Minimalna długość życia (lata)
GRP	-	-
HDPE (PE63/PE80)	70	40
HDPE (PE80 Gen/PE100)	100	60
MS	120	80
DI z powłoką PE, ZN lub cementową	120	90

Zostało to zakwestionowane i naukowiec pani B Sandhya z BIS zalecił już panu Benjaminowi Laurantowi z komitetu ISO/TC 224 szczegółowe uzasadnienie usunięcia załącznika B z ISO 24516 - 1. Poczta jest na dole:

------- Oryginalna wiadomość --------
od: **"sandhya"** < sandhya@bis.gov.in> Data:
8 sierpnia 2018 r. 12:50:01 PMSubject
: Uwagi indyjskiego organu członkowskiego dotyczące ISO 24516-1Do
:
benjamin.laurent@afnor.orgCc: bruno.tisserand@veolia.com
Drogi Benjaminie LAURENT,
Witam!
Odnosi się to do normy ISO 24516-1:2016 Wytyczne dotyczące zarządzania aktywami systemów wodociągowych i kanalizacyjnych - Część 1: Sieci dystrybucji wody pitnej.
Standard ten jest stosowany w Indiach do różnych celów, w szczególności do planowania i projektowania rurowych sieci nawadniających.
W tej sprawie krajowy komitet lustrzany Biura Norm Indyjskich otrzymał od zainteresowanych stron informacje na temat "żywotności różnych materiałów rurowych" podanych w normie.
Dane dotyczące okresu użytkowania, o których mowa w normie dla różnych materiałów rurowych, oparte na "ocenie minimalnych i maksymalnych okresów użytkowania każdego typu rur na podstawie doświadczeń przedstawionych na rysunku B", w rzeczywistości nie obejmują wszystkich aspektów, takich jak czas, geografia, warunki użytkowania, zastosowanie materiałów itp.
Komitet zbadał dane wejściowe względem zawartości normy i stwierdził, że norma ISO 24516-1:2016 wymaga modyfikacji. Najnowsze badania i literatura są dostępne w celu oceny żywotności materiałów rurowych. Na ich podstawie komitet przedstawił w załączeniu uwagi dotyczące normy ISO 24516-1.
Prosimy o zapoznanie się z tymi uwagami wraz z ISO/TC 224 w celu podjęcia dalszych działań zgodnie z dyrektywami ISO/IEC.
Czekamy na twoją wczesną odpowiedź.
Z wyrazami szacunku
Sandhya
BIS
Indie

Uwagi dotyczące części 1 normy ISO 24516 zostały przekazane do sekretariatu ISO/TC 224 w celu podjęcia współpracy z komitetem:

Template for comments and secretariat observations

Date: 08-08-2018	Document: **ISO 24516 Part 1:2016**	Project: **Guidelines for the management of assets of water supply and wastewater systems -- Part 1: Drinking water distribution networks"**

MB/ NC[1]	Line number (e.g. 17)	Clause/ Subclause (e.g. 3.1)	Paragraph/ Figure/ Table/ (e.g. Table 1)	Type of comment[2]	Comments	Proposed change	Observations of the secretariat
IN	Line 1 to 3	10.2.2	Last Paragraph	Technical	a) The Service Life figures mentioned in the table against different pipe materials are based on 'assessment of minimum and maximum service lives of each type of pipes based on experience as shown in Figure B.' But it is not clear about the country, conforming standards, service conditions and application of the materials from which the experience is drawn. b) The AC pipe life has been mentioned as minimum 80 years and maximum 100 years. We are all aware that in Indian condition – AC pipes do not last more than 10-15 years, not mentioning that it is banned in many states and departments as well. c) The life of MS pipe has been kept at par with DI pipes, which is not the case. MS pipes in Indian condition are highly customized. The life of the pipe materials varies from place to place (depending on the soil resistivity and corrosion factors) and from specification to specification. The coatings and linings in MS pipes vary substantially from project to project and from Department to Department. d) As regards PE pipes, it is a known fact that the quality of the pipes vary from manufacturer to manufacturer and from application to	Delete 'See Also Annex B' in last line last para of Cl 10.2.2. Delete Annex B Delete all references to Annex B throughout the standard.	

1 MB = Member body / NC = National Committee (enter the ISO 3166 two-letter country code, e.g. CN for China; comments from the ISO/CS editing unit are identified by **)

2 Type of comment: ge = general te = technical ed = editorial

ISO/IEC/CEN/CENELEC electronic balloting commenting template/version 2012-03

page 1 of 3

Template for comments and secretariat observations

Date: 08-08-2018	Document: **ISO 24516 Part 1:2016**	Project: **Guidelines for the management of assets of water supply and wastewater systems -- Part 1: Drinking water distribution networks"**

MB/ NC[1]	Line number (e.g. 17)	Clause/ Subclause (e.g. 3.1)	Paragraph/ Figure/ Table/ (e.g. Table 1)	Type of comment[2]	Comments	Proposed change	Observations of the secretariat
					application in India. The water supply code for HDPE pipes is IS 4984 while for Irrigation it is IS 14151. The quality of pipes, thickness and pressure ranges of the same diameter of pipe are different in these codes. e) For Cast Iron pipes and for MS pipes, segregation has been made based on a certain year. But it is not clear neither explained that this specific year has been mentioned with what significance.		
IN		10.2.3.2	3rd Paragraph	Technical	--do-	Delete 3rd para.	
IN	Line 3-4	10.2.3.4	2nd Paragraph	Technical	-do-	Delete 'see, as an example for a pipe type-dependent grade of failure rate, Figure B.2.	
IN	Line 3 and 5 of Page 42	Sl No.3 of C1	Annexure C	Technical	-do-	Delete 'Annex B'	
IN		Annex B	Annex-B(Informative)Examples for the assessmen	Technical	-do-	Delete Annex B	

1 MB = Member body / NC = National Committee (enter the ISO 3166 two-letter country code, e.g. CN for China; comments from the ISO/CS editing unit are identified by **)

2 Type of comment: ge = general te = technical ed = editorial

ISO/IEC/CEN/CENELEC electronic balloting commenting template/version 2012-03

page 2 of 3

Template for comments and secretariat observations

Date: 08-08-2018	Document: **ISO 24516 Part 1:2016**	Project: **Guidelines for the management of assets of water supply and wastewater systems -- Part 1: Drinking water distribution networks"**

MB/ NC[1]	Line number (e.g. 17)	Clause/ Subclause (e.g. 3.1)	Paragraph/ Figure/ Table/ (e.g. Table 1)	Type of comment[2]	Comments	Proposed change	Observations of the secretariat
			t of service life and failure rates of pipespage no. 40 and 41				
IN		Bibliography		Technical	Delete reference to very old publication at Sl No. 18 of Bibliography. Research organization of Govt of India has published 'Pipe Material Selection Handbook for Water Supply and Sewerage, Volume II (Design Algorithm & Software) published by National Environmental Engineering Research Institute, Nagpur in October, 2002.	Delete "[18] Kaplan E. L., & Meier P. (1958). *Nonparametric estimation from incomplete observations" and insert the following:* *"[18]* Pipe Material Selection Handbook for Water Supply and Sewerage, Volume II (Design Algorithm & Software) published by National Environmental Engineering Research Institute, India, October, 2002	

1 MB = Member body / NC = National Committee (enter the ISO 3166 two-letter country code, e.g. CN for China; comments from the ISO/CS editing unit are identified by **)
2 Type of comment: ge = general te = technical ed = editorial

ISO/IEC/CEN/CENELEC electronic balloting commenting template/version 2012-03

page 3 of 3

2. **NIGDY: Minimalny** i maksymalny okres użytkowania każdego typu rury podano w Cl.6.3.10.1, Rozdział 6 Podręcznika Doboru Materiałów Rurowych dla Wodociągów i Kanalizacji, Tom II, wydanego przez Narodowy Instytut Badawczy Inżynierii Środowiska, Nagpur, październik 2002.

Rodzaj rury	Maksymalne życie (lata)	Minimalna długość życia (lata)
GRP	30	10
HDPE	25	10
MS	40	25
DI	90	70

Porównanie techniczne między rurą DI a rurą HDPE

Kwestia szczegółowa	DIP (Żelazna Rura Sferoidalna) (IS 8329:2000)	Rura HDPE (IS 4984-1995)
Koncepcja projektowa	Struktura częściowo elastyczna	Elastyczna struktura
Potrzeba pościeli	W przypadku, gdy rury mają być posadowione bezpośrednio na dnie wykopu, należy je przyciąć i wypoziomować, aby umożliwić równomierne posadowienie rurociągu, oraz powinny być wolne od wszelkich ciał obcych, które mogą uszkodzić rurę lub powłokę rurociągu. Dodatkowe wykopy należy wykonać na złączach rur, tak aby magistrala wodociągowa była podparta na całej swojej długości. Tam, gdzie wykopy prowadzone są przez skały lub głazy, rurociąg powinien być posadowiony na podłożu betonowym lub na podłożu z drobnoziarnistego materiału o grubości co najmniej 150 mm, lub też do ochrony rury i jej powłoki stosuje się inne środki. Nie należy stosować materiałów szkodliwych dla rurociągu. **(Zob. Cl. nr 4.2.5 i 4.2.6 z IS 12288 : 1987)**	Rura polietylenowa nie wymaga specjalnego przygotowania złoża do ułożenia rury pod ziemią, z tym że wokół rury nie mogą znajdować się żadne ostre przedmioty. Jednakże podczas układania w obszarach skalistych należy zapewnić odpowiednią podsypkę piaskową wokół rury i zagęszczać ją. **(Zob. Cl. No. 6.3 z IS 7634 Part 2 : 2012)**

Kwestia szczegółowa	DIP (Żelazna Rura Sferoidalna) (IS 8329:2000)	Rura HDPE (IS 4984-1995)
ZasypywanieMateriały/ Zagęszczanie Wymagane	Do celów zasypywania uznaje się, że głębokość wykopu jest podzielona na trzy następujące strefy od na dole rowu do jego góry: Strefa - A: Od dołu wykopu do poziomu linii środkowej rury, Strefa - B: Od poziomu linii środkowej rury do poziomu 300 mm, powyżej górnej krawędzi rury, oraz Strefa - C: Od poziomu 300 mm powyżej górnej części rury do górnej części wykopu. Materiał wypełniający musi być wolny od żużlu, popiołu, żużla, odpadów, śmieci, materiałów roślinnych lub organicznych, materiałów gnilnych lub mrożonych, głazów, skał lub kamienia lub innego materiału, który w opinii organu jest nieodpowiedni lub szkodliwy. Jednakże materiał zawierający kamienie o wielkości do 200 mm jako największy wymiar może być stosowany w strefie C, o ile nie określono inaczej w niniejszym dokumencie. Wydobyty materiał może być wykorzystany do zasypywania w następujących przypadkach: W strefie C, w przypadkach gdy osiadanie jest nieistotne i gdy jest ono pokazane na rysunkach lub wyszczególnione, należy starannie wypełnić tylne wypełnienie	W pierwszej kolejności należy stosować wyłącznie miękką ziemię i żwir dobrej jakości, wolny od głazów, roślin korzeniowych itp. Jeśli nie ma wystarczającej ilości odpowiedniej (wolnej od ostrych kamieni krawędziowych) wykopanej ziemi, wykop należy wypełnić pożyczonym żwirem lub materiałem do wysokości 300 mm nad górną częścią rury. Podczas napełniania tylnego należy uważać, aby nie uszkodzić rury lub połączeń. Napełnianie musi być przeprowadzane jednocześnie po obu stronach rur, aby nie doszło do nierównomiernego ciśnienia. Obciążenie zakopanego rurociągu jest niedozwolone, chyba że wykop został wypełniony do wysokości co najmniej 300 mm ponad górną częścią rury. Wypełnienie powinno być wykonane w warstwach o grubości 150 mm, przy czym pierwsza warstwa powinna być nawodniona i zagęszczona za pomocą tłoczenia lub środków mechanicznych. Wstępne wypełnienie tylne do 150 mm nad koroną rury powinno być zagęszczone przesianym materiałem z wykopu, wolnym od ostrych kamieni lub przedmiotów lub drobnym piaskiem, gdy taki materiał nie jest dostępny. Wszędzie tam, gdzie skrzyżowanie z ruchem ciężkim może być napotkane - zaleca się wykonanie betonowej osłony rury. **(Zob. Cl. No. 8.1.1 i 6.4.1 z IS 7634 Part 2 : 2012)**

Kwestia szczegółowa	DIP (Żelazna Rura Sferoidalna) (IS 8329:2000)	Rura HDPE (IS 4984-1995)
	Zaokrąglony nad wykopem do wysokości umożliwiającej osiadanie do wymaganego poziomu. W każdej strefie, gdy rodzaj materiału do zasypywania nie jest wskazany lub określony, pod warunkiem, że materiał ten składa się z gliny, gliny, piasku, drobnego żwiru lub innych materiałów, które w opinii władz są odpowiednie do zasypywania. **(Patrz: Cl. No. 4.11 of IS 12288 : 1987)**	
Zewnętrzny Ochr ona przed korozją	Cynk metaliczny z warstwą wykończeniową Farba bitumiczna lub żywica syntetyczna kompatybilna z powłoką cynkową. **(Zob. Cl. No. 16.2, A-8 załącznika - A do IS 8329 : 2000)**	Nie jest wymagany
Wyściółka wewnętrzna	Zaprawa cementowa portlandzka lub wielkopiecowa zaprawa cementowo-żużlowa, lub zaprawa cementowa wysokoglinowa lub cementowa z powłoką uszczelniającą, **(Patrz: Cl. No. 16.3 IS 8329 : 2000)**	Nie jest wymagany
Właściwości	Minimalna wytrzymałość na rozciąganie 420 Mpa (Minimalne) Minimalne wydłużenie przy pęknięciu 7-10% Twardość wynosi 230 HB (maksymalna) Długość rury: 5,5 m lub 6 m każda rura **(zob. Cl No. 10.1.6 i 13.1 z IS 8329 : 2000).** Moduł sprężystości Young'a (E): 170 000 MPa **(tabela 6.7, rozdział 6 podręcznika CPHEEO),** Współczynnik Poissona: 0,28 Odporność na uderzenia: <0,713 Wytrzymałość strukturalna (wytrzymałość na zgniatanie): 5000 Kg/cm^2 (w przybliżeniu) Zasypka normalna.	Moduł sprężystości Young'a (E): 900 MPa **(tabela 6.7, rozdział 6 instrukcji CPHEEO),** Długość: 5-20 m **(por. nr 6.4 z IS 4984 : 1995)**, Wytrzymałość na rozciąganie: 265-280 kg/cm2 (zmniejsza się wraz z temp.), Odporność na uderzenia: Dobra, Wytrzymałość strukturalna (wytrzymałość na zgniatanie): 200-250 Kg/cm2 (ok.) Zagęszczenie zasypki istotne

Dodatkowa ochrona zewnętrzna	Rękaw polietylenowy **(Patrz: Cl. No. 16.2, załącznik - D IS 8329 : 2000)**	Nie trzeba.

Kwestia szczegółowa	DIP (Żelazna Rura Sferoidalna) (IS 8329:2000)	Rura HDPE (IS 4984-1995)
Jointing	Wypychany przegub elastyczny, mechaniczny przegub elastyczny, przegub skręcany i przegub z kołnierzem. **(Patrz: Cl. No. 3.9 do 3.14 IS 8329 : 2000)**	a) Fuzja spawalnicza: • Spawanie doczołowe (Butt fusion); • Spawanie kielichowe; oraz • Spawanie elektroforetyczne; b) Wstawić złącza typu; c) Złączki zaciskowe/złączki wciskane; d) Połączenia kołnierzowe; oraz **e)** Złącza czopowe i nasadowe **(zob. Cl. No. 3.1.1 z IS 7634 Part 2:2012)**
Obsługa	Rury z żeliwa sferoidalnego są mniej podatne na pękanie lub łamanie przy uderzeniu, ale należy podjąć określone środki ostrożności, aby zapobiec uszkodzeniu powłoki ochronnej i szczotkowaniu lub uszkodzeniu powierzchni łączenia. **(Patrz: Cl. No. 7.1 z IS 12288: 1987)**	Jest bardziej miękki od metali, jest podatny na uszkodzenia przez ścieranie i przez przedmioty z krawędzią tnącą. Należy zatem unikać takich praktyk, jak przeciąganie rur po nierównym terenie. W przypadku nieużywania sprzętu do przenoszenia, należy wybrać techniki, które nie mogą uszkodzić rury. **(Zob. Cl. No. 12.3 z IS 7634 Part 2 : 2012)**
Transport	Rury powinny być załadowane w taki sposób, aby były zabezpieczone i aby podczas przejazdu nie dochodziło do ich przesunięcia na pojeździe. Rury powinny być załadowane na pojazdy w układzie piramidalnym lub prostoliniowym. W przypadku obciążenia piramidą, rury w dolnej warstwie powinny być unieruchomione za pomocą szerokich drewnianych klinów przymocowanych do obciążanego pojazdu. Piramida ma być utworzona poprzez osadzenie rur pomiędzy parami kawałków w poprzedniej warstwie z kielichami w warstwach odwróconych. Obciążenia boczne proste mogą być stosowane z podporami po bokach pojazdów. Korzystne jest zastosowanie załadunku bocznego prostopadłego, co pozwala na wykorzystanie pełnej pojemności pojazdu. **(Patrz: Cl. No. 7.2 z IS 12288: 1987)**	Do transportu prostych rur polietylenowych należy używać pojazdów z płaską podłogą. Łóżko powinno być wolne od paznokci i innych wystających elementów. Rury polietylenowe powinny spoczywać równomiernie w pojeździe na swojej długiej długości. Wszystkie słupki podpierające powinny być płaskie, bez ostrych krawędzi. Rury polietylenowe nie mogą być transportowane w tym samym pojeździe z innymi metalowymi elementami. **(Zob. Cl. No. 12.4 z IS 7634 Part 2 : 2012)**
Ryzyko związane z flotacją	Rury są cięższe. Stąd ryzyko unoszenia się na wodzie jest zerowe.	W przypadku, gdy istnieje możliwość unoszenia się na wodzie z powodu prawdopodobnego zalania, rura powinna być obłożona betonowymi obciążnikami

		zgodnie z obliczeniami wyporu. **(Zob. Cl. No. 6.5 of IS 7634 Part 2 : 2012)**
Projektowanie Przydatna żywotność eksploatacyjna	Maksymalny czas trwania - 90 lat Minimalny czas trwania - 70 lat **(Patrz: Cl. Nr 6.3.10.1**, Tom II, Wybór materiału na rury	Maksymalny czas trwania - 25 lat Minimalny czas trwania - 10 lat (Patrz: Cl. Nr 6.3.10.1, Tom II, Wybór materiału na rury

Kwestia szczegółowa	DIP (Żelazna Rura Sferoidalna) (IS 8329:2000)	Rura HDPE (IS 4984-1995)
	Handbook for Water Supply & Sewerage wydany przez National Environmental Engineering Research Institute (NEERI))	Handbook for Water Supply & Sewerage wydany przez National Environmental Engineering Research Institute (NEERI))
Ograniczenie	Rury DI nie mogą być stosowane w pobliżu zakopanych kabli elektroenergetycznych wysokiego napięcia. Wszędzie tam, gdzie stosowane są podpory naziemne na każdej długości rury, należy zapewnić, aby nie ulegały one osiadaniu. Rury z zewnętrznymi powłokami syntetycznymi, które nie mogą być stosowane w środowisku morskim, aby zapobiec wymywaniu do środowiska chemikaliów składowych. **(Zob. CIDI-1, CIDI-2 i CIDI-3 w dodatku A 3-10, część A podręcznika CPHEEO)**.	Nie w miejscu narażonym na obciążenie ruchem pojazdów i nie ma wystarczającej osłony. Nie na obszarach narażonych na ingerencję osób trzecich, np. wykopy w odległości 2 m od rurociągu prowadzone przez inne podmioty. Nie w gruncie, oferując niską wytrzymałość bocznego podparcia rury. Nie w ziemi, co pozwala na migrację materiału osadzającego rury do niej. Nie w ziemi zanieczyszczonej szkodliwymi substancjami chemicznymi. Nie nadaje się do instalacji naziemnej. **(Patrz SP-1 do SP-6 w dodatku A 3-10, część A podręcznika CPHEEO)**.

Sample calculations for Life Cycle Cost analysis as per CWC PIN manual for HDPE Pipe – OD 110 mm:

Calculations for Life Cycle Cost analysis as per CWC PIN manual for HDPE Pipe - OD 110 mm

Sl. No.	Description	Qty	units	Remarks
a)	**Construction Cost(CC)**			
	Construction Cost includes Cost of Pipe Material(CP) at site and Cost of Laying(CL) ie CC = CP + CL			
	For the present case,			
	CP	349.00	Rs./m	
	CL	59.00	Rs./m	
	CC	**408**	**Rs./m**	
b)	**Operation Cost or Cost of Operation(CO)**			
	D=internal diameter of pipe in mm	99.3	mm	
	V= velocity of flow in m/s	1.2	m/s	
	CR=Pipe Roughness coefficient	1		
	L=length of pipe in m	10000	m	
	Q=flow in pipe in m^3 /s	0.0093	m^3/s	
	The Cost of Operation for Gravity Schemes is NIL. In present case it is assumed that external energy equivalent to head loss has to be provided.			
	From Modified Hazen William Formula, Head Loss (h) =	141.2	m	
	Add 10 % for Minor Losses, H	155.3	m	
	Power Required for Pumping	18.90	KW	
	Annual Power Requirement, for 240 days working	4,536	KW	
		1,08,864	Units	
	Cost of Operation @ Rs 3.5 /unit	3,81,024	Rs./annum	
	Cost of Operation per m	38.10	Rs./m/annum	
	Project Life,n	50	Years	
	i_r = Rate of Interest	10	%	
	i_r = Rate of Inflation	6	%	
	Capitalization Factor (CF), (as per CWC PIN guideline)	21.08		
	Capitalized of annual CO over 50 Years	**803**	**Rs./m**	
C)	**Revenue Loss due to Leakage (CRL)**			
	Volume of water Supply for 240 days	1,92,845	Cum	
	Loss of Water @ 5%	9,642	Cum	
	Revenue Loss by Leakages @ Rs 7 / Cum	67,496	Rs./annum	
	Revenue Loss by Leakages per m	6.75	Rs./m/annum	
	Capitalized of annual CRL over 50 Years	**142**	**Rs./m**	
d)	**Repair and Maintenance Cost(CM)**			
	Annual R&M cost is assumed as 5% of Construction Cost(CC)	20.40	Rs./m/annum	
	Capitalized of annual CM over 50 Years	**430**	**Rs./m**	
e)	**Replacement Cost(CR)**			
	Different Pipe Materials have different life periods. As an example, if a pipe has a life period of 15 years, it has to be replaced three times over the project period of 50 years i.e. First replacement at the end of 15th Year, 2nd replacementat the end of 30th year and the third replacement at the end of 45th year.			
	Project Life	50	years	
	Life of Pipe Material	18	years	
	Replacement interval	18	years	
	Nos. of replacement in the period of Project life	2.00		
	i) As laid Cost Rs/m from (a)	408	Rs/m	
	ii) Replacement cost at the end of 18 th year(CR1)	1,165	Rs/m	
	iii) Replacement cost at the end of 36 th year(CR2)	3,324	Rs/m	
	Present worth replacement cost	**317**	**Rs./m**	
	The material (HDPE) has a life period of 10 - 25 years (as per NEERI Hand Book). Here we have considered the average value, i.e. 18 years. So, in case of HDPE pipe there will be two replacement, if the project life is considered as 50 years.			
f)	**Disposal Cost (CD)**			
	10% of Replacement Cost	32	Rs./m	
	Original cost of Pipeline	349	Rs./m	
	Salvage Value (50% for HDPE pipe)	-27	Rs./m	
	Disposal Cost is taken as 10% of Replacement Cost with Salvage	**4**	**Rs./m**	
Life Cycle Cost				
	CLCC = CC + CO + CRL + CM + CR + CD	**2,105**	**Rs./m**	
	Life Cycle Cost for the complete pipe system	**2,10,47,680**	**Rs.**	

Summary of Life Cycle Cost of HDPE Pipes as per CWC PIN manual - NEERI Hand Book

Sl. No.	Outer Diameter of HDPE Pipe (mm)	Construction Cost (CC) (Rs./m)	Operation Cost or Cost of Operation (CO) (Rs./m)	Revenue Loss due to Leakage (CRL) (Rs./m)	Repair and Maintenance Cost (CM) (Rs./m)	Replacement Cost (CR) (Rs./m)	Disposal Cost (CD) (Rs./m)	Life Cycle Cost (Rs./m)
1	90	280	681	95	295	218	4	1,572
2	110	408	803	142	430	317	4	2,105
3	125	516	891	184	544	401	5	2,540
4	140	633	968	229	667	492	5	2,995
5	160	813	1,078	300	857	632	6	3,685
6	180	1,008	1,198	381	1,062	783	6	4,438
7	200	1,234	1,297	470	1,301	959	7	5,267
8	225	1,575	1,434	595	1,660	1,224	7	6,495
9	250	1,920	1,556	734	2,024	1,492	7	7,733
10	280	2,391	1,704	921	2,520	1,858	8	9,401
11	315	3,065	1,873	1,166	3,231	2,381	13	11,728
12	355	3,819	2,069	1,482	4,025	2,967	14	14,377
13	400	4,986	2,275	1,874	5,255	3,874	15	18,279
14	450	6,164	2,499	2,371	6,497	4,789	16	22,337
15	500	7,587	2,723	2,927	7,997	5,895	17	27,145
16	560	8,794	2,977	3,673	9,269	6,832	18	31,564
17	630	11,030	3,295	4,649	11,626	8,570	19	39,189
18	710	13,963	3,608	5,908	14,717	10,848	19	49,063
19	800	17,646	3,981	7,503	18,599	13,710	18	61,456
20	900	22,276	4,416	9,493	23,479	17,307	17	76,988
21	1000	27,396	4,772	11,722	28,875	21,285	15	94,065

Summary of Life Cycle Cost of HDPE Pipes as per CWC PIN Manual - ISO: 24516

Sl. No.	Outer Diameter of HDPE Pipe (mm)	Construction Cost (CC) (Rs./m)	Operation Cost or Cost of Operation (CO) (Rs./m)	Revenue Loss due to Leakage (CRL) (Rs./m)	Repair and Maintenance Cost (CM) (Rs./m)	Replacement Cost (CR) (Rs./m)	Disposal Cost (CD) (Rs./m)	Life Cycle Cost (Rs./m)
1	90	280	681	95	295	0	-18	1,333
2	110	408	803	142	430	0	-27	1,756
3	125	516	891	184	544	0	-35	2,099
4	140	633	968	229	667	0	-44	2,454
5	160	813	1,078	300	857	0	-58	2,990
6	180	1,008	1,198	381	1,062	0	-72	3,577
7	200	1,234	1,297	470	1,301	0	-89	4,213
8	225	1,575	1,434	595	1,660	0	-115	5,149
9	250	1,920	1,556	734	2,024	0	-142	6,092
10	280	2,391	1,704	921	2,520	0	-178	7,358
11	315	3,065	1,873	1,166	3,231	0	-225	9,109
12	355	3,819	2,069	1,482	4,025	0	-283	11,113
13	400	4,986	2,275	1,874	5,255	0	-373	14,018
14	450	6,164	2,499	2,371	6,497	0	-572	16,959
15	500	7,587	2,723	2,927	7,997	0	-463	20,771
16	560	8,794	2,977	3,673	9,269	0	-665	24,048
17	630	11,030	3,295	4,649	11,626	0	-838	29,762
18	710	13,963	3,608	5,908	14,717	0	-1,066	37,130
19	800	17,646	3,981	7,503	18,599	0	-1,353	46,376
20	900	22,276	4,416	9,493	23,479	0	-1,714	57,950
21	1000	27,396	4,772	11,722	28,875	0	-2,114	70,651

Summary of Life Cycle Cost of GRP Pipes as per CWC PIN manual - NEERI Hand Book

Sl. No.	Nominal Diameter of GRP Pipe (mm)	Construction Cost (CC) (Rs./m)	Operation Cost or Cost of Operation (CO) (Rs./m)	Revenue Loss due to Leakage (CRL) (Rs./m)	Repair and Maintenance Cost (CM) (Rs./m)	Replacement Cost (CR) (Rs./m)	Disposal Cost (CD) (Rs./m)	Life Cycle Cost (Rs./m)
1	300	3,179	1,964	1,305	3,351	2,238	176	12,212
2	350	3,422	2,227	1,776	3,607	2,409	190	13,631
3	400	4,003	2,488	2,329	4,219	2,818	223	16,080
4	450	4,758	2,735	2,951	5,015	3,350	265	19,074
5	500	5,042	2,968	3,646	5,314	3,549	282	20,801
6	600	6,916	3,440	5,258	7,289	4,869	385	28,157
7	700	8,747	3,925	7,152	9,219	6,158	486	35,687
8	800	10,322	4,384	9,351	10,879	7,267	573	42,776
9	900	12,844	4,778	11,843	13,538	9,042	712	52,756
10	1000	15,277	5,211	14,629	16,102	10,755	846	62,820

Summary of Life Cycle Cost of MS Pipes as per CWC PIN Manual - NEERI Handbook

Sl. No.	OD of MS Pipe (mm)	Construction Cost (CC) (Rs./m)	Operation Cost or Cost of Operation (CO) (Rs./m)	Revenue Loss due to Leakage (CRL) (Rs./m)	Repair and Maintenance Cost (CM) (Rs./m)	Replacement Cost (CR) (Rs./m)	Disposal Cost (CD) (Rs./m)	Life Cycle Cost (Rs./m)
1	323.9	6,857	2,006	1,366	7,227	2,020	-687	18,789
2	355.6	7,245	2,168	1,661	7,636	2,134	-723	20,122
3	406.4	8,495	2,427	2,197	8,954	2,502	-850	23,725
4	457	9,433	2,679	2,803	9,942	2,778	-942	26,694
5	508	10,222	2,928	3,488	10,774	3,011	-1,026	29,397
6	610	12,339	3,419	5,085	13,005	3,634	-1,236	36,248
7	711	14,602	3,871	6,961	15,391	4,301	-1,451	43,674
8	813	17,325	4,325	9,155	18,261	5,103	-1,728	52,441
9	914	18,343	4,773	11,621	19,334	5,403	-1,797	57,676
10	1016	21,861	5,169	14,366	23,041	6,439	-2,163	68,713
11	1118	23,735	5,645	17,450	25,017	6,991	-2,359	76,478
12	1219	27,301	6,024	20,718	28,775	8,041	-2,748	88,111
13	1422	36,942	6,849	28,126	38,937	10,881	-3,774	1,17,960
14	1626	46,202	7,620	36,783	48,697	13,608	-4,785	1,48,125
15	1829	52,415	8,491	46,725	55,245	15,438	-5,430	1,72,885
16	2032	64,551	9,218	57,647	68,037	19,012	-6,587	2,11,879
17	2235	76,553	9,887	69,753	80,687	22,547	-7,759	2,51,668
18	2540	1,01,764	10,803	90,073	1,07,259	29,973	-10,035	3,29,838

Summary of Life Cycle Cost of MS Pipes as per CWC PIN Manual - ISO: 24516

Sl. No.	OD of MS Pipe (mm)	Construction Cost (CC) (Rs./m)	Operation Cost or Cost of Operation (CO) (Rs./m)	Revenue Loss due to Leakage (CRL) (Rs./m)	Repair and Maintenance Cost (CM) (Rs./m)	Replacement Cost (CR) (Rs./m)	Disposal Cost (CD) (Rs./m)	Life Cycle Cost (Rs./m)
1	323.9	6,857	2,006	1,366	7,227	0	-889	16,567
2	355.6	7,245	2,168	1,661	7,636	0	-936	17,775
3	406.4	8,495	2,427	2,197	8,954	0	-1,100	20,973
4	457	9,433	2,679	2,803	9,942	0	-1,220	23,638
5	508	10,222	2,928	3,488	10,774	0	-1,327	26,085
6	610	12,339	3,419	5,085	13,005	0	-1,599	32,250
7	711	14,602	3,871	6,961	15,391	0	-1,881	38,943
8	813	17,325	4,325	9,155	18,261	0	-2,238	46,828
9	914	18,343	4,773	11,621	19,334	0	-2,337	51,733
10	1016	21,861	5,169	14,366	23,041	0	-2,807	61,630
11	1118	23,735	5,645	17,450	25,017	0	-3,058	68,788
12	1219	27,301	6,024	20,718	28,775	0	-3,552	79,266
13	1422	36,942	6,849	28,126	38,937	0	-4,863	1,05,991
14	1626	46,202	7,620	36,783	48,697	0	-6,146	1,33,156
15	1829	52,415	8,491	46,725	55,245	0	-6,973	1,55,903
16	2032	64,551	9,218	57,647	68,037	0	-8,488	1,90,965
17	2235	76,553	9,887	69,753	80,687	0	-10,013	2,26,866
18	2540	1,01,764	10,803	90,073	1,07,259	0	-13,032	2,96,867

Summary of Life Cycle Cost of DI Pipes as per CWC PIN Manual - NEERI Handbook

Sl. No.	Nominal Diameter of DI Pipe (mm)	Class	Construction Cost (CC) (Rs./m)	Operation Cost or Cost of Operation (CO) (Rs./m)	Revenue Loss due to Leakage (CRL) (Rs./m)	Repair and Maintenance Cost (CM) (Rs./m)	Replacement Cost (CR) (Rs./m)	Disposal Cost (CD) (Rs./m)	Life Cycle Cost (Rs./m)
1	100	K-7	992	819	150	1,046	0	-146	2,860
2	150		1,375	1,136	341	1,449	0	-202	4,099
3	200		1,906	1,448	612	2,009	0	-282	5,693
4	250		2,548	1,731	955	2,686	0	-378	7,541
5	300		3,259	2,007	1,374	3,435	0	-485	9,590
6	350		4,088	2,251	1,827	4,309	0	-611	11,863
7	400		4,955	2,509	2,381	5,223	0	-742	14,325
8	450		5,956	2,755	3,008	6,278	0	-892	17,104
9	500		7,098	3,001	3,719	7,481	0	-1,063	20,236
10	600		9,413	3,484	5,356	9,921	0	-1,414	26,761
11	700		12,174	3,938	7,224	12,831	0	-1,830	34,338
12	750		13,667	4,160	8,294	14,405	0	-2,050	38,475
13	800		15,129	4,390	9,436	15,946	0	-2,266	42,635
14	900		18,407	4,821	11,950	19,401	0	-2,764	51,815
15	1000		21,839	5,257	14,759	23,018	0	-3,277	61,597
16	1100	K-9	25,889	5,691	17,794	27,287	0	-3,892	72,769
17	1200		30,209	6,083	21,185	31,840	0	-4,550	84,766

Summary of Life Cycle Cost of DI Pipes as per CWC PIN Manual - ISO: 24516

Sl. No.	Nominal Diameter of DI Pipe (mm)	Class	Construction Cost (CC) (Rs./m)	Operation Cost or Cost of Operation (CO) (Rs./m)	Revenue Loss due to Leakage (CRL) (Rs./m)	Repair and Maintenance Cost (CM) (Rs./m)	Replacement Cost (CR) (Rs./m)	Disposal Cost (CD) (Rs./m)	Life Cycle Cost (Rs./m)
1	100	K-7	992	819	150	1,046	0	-146	2,860
2	150		1,375	1,136	341	1,449	0	-202	4,099
3	200		1,906	1,448	612	2,009	0	-282	5,693
4	250		2,548	1,731	955	2,686	0	-378	7,541
5	300		3,259	2,007	1,374	3,435	0	-485	9,590
6	350		4,088	2,251	1,827	4,309	0	-611	11,863
7	400		4,955	2,509	2,381	5,223	0	-742	14,325
8	450		5,956	2,755	3,008	6,278	0	-892	17,104
9	500		7,098	3,001	3,719	7,481	0	-1,063	20,236
10	600		9,413	3,484	5,356	9,921	0	-1,414	26,761
11	700		12,174	3,938	7,224	12,831	0	-1,830	34,338
12	750		13,667	4,160	8,294	14,405	0	-2,050	38,475
13	800		15,129	4,390	9,436	15,946	0	-2,266	42,635
14	900		18,407	4,821	11,950	19,401	0	-2,764	51,815
15	1000		21,839	5,257	14,759	23,018	0	-3,277	61,597
16	1100	K-9	25,889	5,691	17,794	27,287	0	-3,892	72,769
17	1200		30,209	6,083	21,185	31,840	0	-4,550	84,766

Results of the analysis:

Selection of Pipe Material based on LCCA Cost analysis as per CWC PIN guideline

Sl. No.	Diameter (mm)	LCCA Cost (As per ISO: 24516) (Rs./m)					LCCA Cost (As per NEERI Mannual) (Rs./m)				
		HDPE	GRP	MS	DI	Pipe Material of Lowest NPV as per LCCA	HDPE	GRP	MS	DI	Pipe Material of Lowest NPV as per LCCA
1	90 - 160					HDPE					HDPE
2	180					HDPE	4,438.00			4,099.00	DI
3	225					HDPE	6,495.00			5,693.00	DI
4	280					HDPE	9,401.00			7,541.00	DI
5	300	11,113.00	-	16,567.00	9,590.00	DI	14,376.90	12,212.00	18,789.00	9,590.00	DI
6	350	14,018.00	-	17,775.00	11,863.00	DI	18,278.99	13,631.00	20,122.00	11,863.00	DI
7	400	16,959.00	-	20,973.00	14,325.00	DI	22,336.56	16,080.00	23,725.00	14,325.00	DI
8	450	20,771.00	-	23,638.00	17,104.00	DI	27,145.45	19,074.00	26,694.00	17,104.00	DI
9	500	24,048.00	-	26,085.00	20,236.00	DI	31,563.77	20,801.00	29,397.00	20,236.00	DI
10	600	37,130.00	-	32,250.00	26,761.00	DI	49,063.07	28,157.00	36,248.00	26,761.00	DI
11	700	46,376.00	-	38,943.00	34,338.00	DI	61,456.40	35,687.00	43,674.00	34,338.00	DI
12	750		-		38,475.00	DI				38,475.00	DI
13	800	57,950.00	-	46,828.00	42,635.00	DI	76,987.71	42,776.00	52,441.00	42,635.00	DI
14	900	70,651.00	-	51,733.00	51,815.00	DI/ MS	94,064.79	52,756.00	57,676.00	51,815.00	DI
15	1000		-	61,630.00	61,597.00	DI		62,820.00	68,713.00	61,597.00	DI
16	1100			68,788.00	72,769.00	MS			76,478.00	72,769.00	DI
17	1200			79,266.00	84,766.00	MS			88,111.00	84,766.00	DI
18	1400 - 2500					MS					MS

Summarized Life Cycle Cost of HDPE and DI Pipes as per CWC PIN Manual – ISO: 24516 and NEERI Hand Book

Sl. No.	HDPE					DI				
	ID (mm)	OD (mm)	Construction Cost (Rs./m)	Life Cycle Cost (Rs./m)		ID (mm)	DN (mm)	Construction Cost (Rs./m)	Life Cycle Cost (Rs./m)	
				As per ISO: 24516	As per NEERI Handbook				As per ISO: 24516	As per NEERI Handbook
1	**81.1**	**90**	280	1,333	1,572					
2	**99.3**	**110**	408	1,756	2,105	**102**	**100**	992	2,860	2,860
3	**112.8**	**125**	516	2,099	2,540					
4	**126.3**	**140**	633	2,454	2,995					
5	**144.4**	**160**	813	2,990	3,685					
6	**162.5**	**180**	1008	3,577	4,438	**154**	**150**	1,375	4,099	4,099
7	**180.6**	**200**	1234	4,213	5,267					
8	**203.1**	**225**	1575	5,149	6,495	**206**	**200**	1,906	5,693	5,693
9	**225.8**	**250**	1920	6,092	7,733					
10	**252.9**	**280**	2391	7,358	9,401	**257.4**	**250**	2,548	7,541	7,541
11	**284.5**	**315**	3065	9,109	11,728					
12	**320.7**	**355**	3819	11,113	14,377	**308.8**	**300**	3,259	9,590	9,590
13	**360.6**	**400**	4986	14,018	18,279	**356**	**350**	4,088	11,863	11,863
14	**405.7**	**450**	6,164	16,959	22,337	**406.4**	**400**	4,955	14,325	14,325
15	**450.7**	**500**	7587	20,771	27,145	**456.8**	**450**	5,956	17,104	17,104
16	**504.9**	**560**	8794	24,048	31,564	**508**	**500**	7,098	20,236	20,236
17	**568**	**630**	11030	29,762	39,189					
18	**640.3**	**710**	13963	37,130	49,063	**609.6**	**600**	9,413	26,761	26,761
19	**721.5**	**800**	17646	46,376	61,456	**708**	**700**	12,174	34,338	34,338
20						**758.6**	**750**	13,667	38,475	38,475
21	**811.6**	**900**	22276	57,950	76,988	**809.2**	**800**	15,129	42,635	42,635
22	**901.9**	**1000**	27396	70,651	94,065	**910.6**	**900**	18,407	51,815	51,815
23						**1012**	**1000**	21,839	61,597	61,597
24						**1111.2**	**1100**	25,889	72,769	72,769
25						**1212.4**	**1200**	30,209	84,766	84,766

1. **Construction Cost = Cost of Supply at site + Cost of Laying**
2. **Life Cycle Cost = Construction Cost + Cost of Operation + Cost of Revenue Loss due to Leakage + Repair and Maintenance Cost + Replacement Cost + Disposal Cost - Salvage Value**

Summarized Life Cycle Cost of GRP, MS, and DI Pipes as per CWC PIN Manual – ISO: 24516 and NEERI Hand Book

Sl. No.	GRP				MS				DI			
	DN (mm)	Construction Cost (Rs./m)	Life Cycle Cost (Rs./m)		OD (mm)	Construction Cost (Rs./m)	Life Cycle Cost (Rs./m)		DN (mm)	Construction Cost (Rs./m)	Life Cycle Cost (Rs./m)	
			As per ISO: 24516	As per NEERI Handbook			As per ISO: 24516	As per NEERI Handbook			As per ISO: 24516	As per NEERI Handbook
1												
2									**100**	992	2,860	2,860
3												
4												
5									**150**	1,375	4,099	4,099
6												
7									**200**	1,906	5,693	5,693
8												
9									**250**	2,548	7,541	7,541
10												
11	**300**	3179	-	12212	**323.9**	6857	16,567	18,789	**300**	3,259	9,590	9,590
12	**350**	3422	-	13631	**355.6**	7245	17,775	20,122	**350**	4,088	11,863	11,863
13	**400**	4003	-	16080	**406.4**	8495	20,973	23,725	**400**	4,955	14,325	14,325
14	**450**	4758	-	19074	**457**	9433	23,638	26,694	**450**	5,956	17,104	17,104
15	**500**	5042	-	20801	**508**	10222	26,085	29,397	**500**	7,098	20,236	20,236
16												
17	**600**	6916	-	28157	**610**	12339	32,250	36,248	**600**	9,413	26,761	26,761
18	**700**	8747	-	35687	**711**	14602	38,943	43,674	**700**	12,174	34,338	34,338
19									**750**	13,667	38,475	38,475
20	**800**	10322	-	42776	**813**	17325	46,828	52,441	**800**	15,129	42,635	42,635
21	**900**	12844	-	52756	**914**	18343	51,733	57,676	**900**	18,407	51,815	51,815
22	**1000**	15277	-	62820	**1016**	21861	61,630	68,713	**1000**	21,839	61,597	61,597
23					**1118**	23735	68,788	76,478	**1100**	25,889	72,769	72,769
24					**1219**	27301	79,266	88,111	**1200**	30,209	84,766	84,766
25												
26					**1422**	36942	105,991	117,960				
27												
28					**1626**	46202	133,156	148,125				
29												
30					**1829**	52415	155,903	172,885				
31												
32					**2032**	64551	190,965	211,879				
33					**2235**	76553	226,866	251,668				
34					**2540**	101764	296,867	329,838				

1. Construction Cost = Cost of Supply at site + Cost of Laying
2. Life Cycle Cost = Construction Cost + Cost of Operation + Cost of Revenue Loss due to Leakage + Repair and Maintenance Cost + Replacement Cost + Disposal Cost - Salvage Value

Wniosek:

Jeśli przyjmie się żywotność materiałów rurowych zgodnie z Załącznikiem B do ISO: 24516, wówczas rury HDPE powinny być używane do 280 mm; rury DI powinny być używane od 300 mm do 1000 mm, a powyżej 1000 mm powinny być używane rury MS. Jeżeli trwałość materiałów, z których wykonane są rury, jest uwzględniona zgodnie z postanowieniami Instrukcji NEERI, wówczas należy stosować rury HDPE o średnicy do 160 mm, rury DI o średnicy do 200 mm i powyżej 1200 mm, a powyżej 1200 mm rury MS. Niniejsza Analiza Kosztów Cyklu Życia musi być corocznie aktualizowana zgodnie ze zmianami zachodzącymi w Harmonogramie Stawek poszczególnych Rządów. Jeśli czytelnicy chcą poznać szczegóły analizy obliczeniowej, mogą skontaktować się z autorami na ich e-mailach.

++++

V. RUROCIĄG Z ŻELIWA SFEROIDALNEGO - SYSTEM POŁĄCZEŃ SKRĘCANYCH I PROCEDURA UKŁADANIA/ŁĄCZENIA NA STROMYCH ZBOCZACH/ PAGÓRKOWATYM TERENIE

Autorzy:

1. Sabarna Roy
Senior Vice President (Business Development),
Electrosteel Castings Limited,
G. K. Tower,
19, Camac Street,
Kolkata - 700017.
Email: sabarnaroy@electrosteel.com

2. Rajat Chowdhury
Sr. Executive (Business Development),
Electrosteel Castings Limited,
G. K. Tower,
19, Camac Street,
Kolkata - 700017.
Email: rajat.chowdhury@electrosteel.com

ABSTRACT

W niniejszym opracowaniu zrozumiemy kolejno szczegóły następujących przepisów szczególnych:-

i. Część A: Połączenia skrępowane Electrolock.
ii. Część B: Metoda Alabama obliczania długości połączenia skręcanego.
iii. Część C: Gniazdo i króciec wciskany w złącze do aplikacji naziemnej.
iv. Część D: Układanie i łączenie rur DI w terenie o dużym nachyleniu/pagórkowatym.

CZĘŚĆ A: ZŁĄCZE Z BLOKADĄ ELEKTROLITYCZNĄ

W pracującym rurociągu powstają siły nacisku przy zmianie kierunku, które mogą prowadzić do rozdzielenia połączeń. Rury i kształtki złączy skręcanych stosowane są w rurociągach z żeliwa sferoidalnego pod ciśnieniem, aby zapobiec rozdzieleniu się złączy pod wpływem sił nacisku. Do bardziej wymagających zadań związanych z unieruchomieniem, a w szczególności w trudnym terenie, **Electrosteel** oferuje **samohamowny przegub Electrolock**. To dwukomorowe złącze gniazdowe wykorzystuje tę samą uszczelkę co tradycyjne złącze z drugą komorą zapewniającą zakotwienie za pomocą specjalnie zaprojektowanych pierścieni blokujących, które blokują się za pomocą zgrzewu wykonanego na czopie złącza. Przeguby Electrolock są już szeroko stosowane w różnych projektach. Rury Electrolock są dostarczane z kompatybilnymi złączkami Electrolock.

Podstawowe cechy:

- Potrafi wytrzymać bardzo duże ciśnienie.
- Dwie komory gniazdowe - jedna do uszczelniania, a druga do powstrzymywania ruchów osiowych.
- Uszczelnienie wody odbywa się za pomocą uszczelki wsuwanej, a utwierdzenie za pomocą listwy zgrzewającej i listwy blokującej.

- Normalna uszczelka do uszczelniania połączeń wciskanych.
- Po zakończeniu montażu, pręty zabezpieczające w częściach (jak pokazano na rysunku 1) należy umieścić w komorze blokującej. Spoina na króćcu zostaje zablokowana za pomocą listwy blokującej przed siłą rozdzielającą.
- Może być stosowany do zastosowań bezwykopowych, gdzie wszystkie rury z takimi połączeniami są stosowane w części bezwykopowej.
- Łatwy w montażu i demontażu w razie potrzeby.

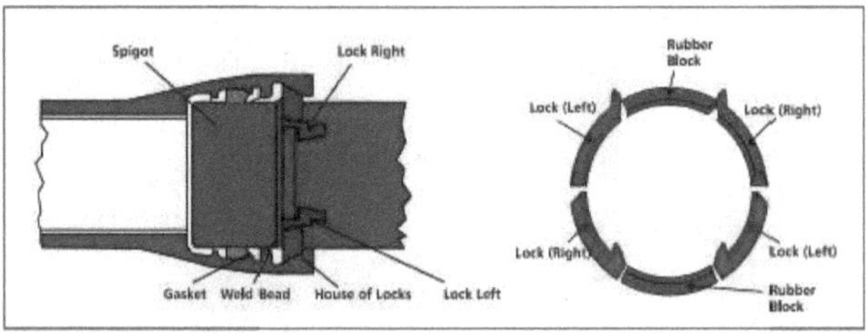

Rysunek 1

Maksymalne wartości ugięcia kątowego i ciśnienia dla różnych zakresów średnic przedstawiono w poniższej tabeli
Tabela 1 poniżej:

Tabela 1

DN	Maksymalne ugięcie kątowe	Aplikacja ciśnieniowa		
		PFA (Bar)	**PMA (Bar)**	**PEA (Bar)**
80	5	110	132	137
100	5	110	132	137
125	5	110	132	137
150	5	75	90	95
200	4	63	75.6	80.6
250	4	44	52.8	57.8
300	4	40	48	53
400	3	33	39.6	44.6
500	3	33	39.6	44.6
600	3	30	36	41
700	3	28	33.6	38.6

Przegub śrubowy z blokadą Electrolock: Wskazówki dotyczące instalacji

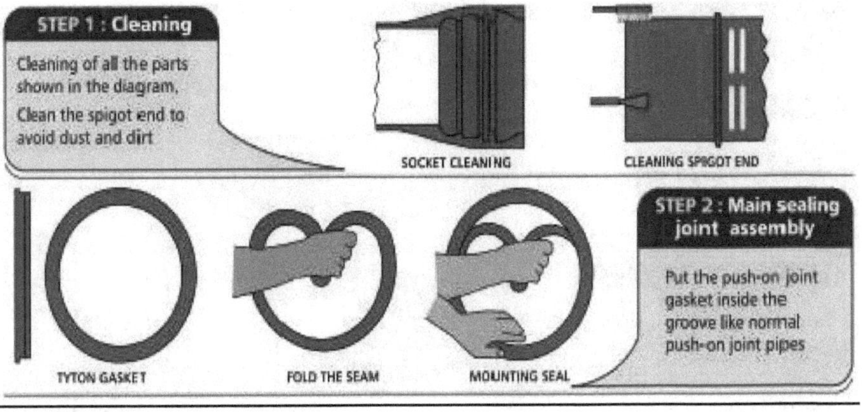
STEP 1 : Cleaning
Cleaning of all the parts shown in the diagram.
Clean the spigot end to avoid dust and dirt
SOCKET CLEANING
CLEANING SPIGOT END
TYTON GASKET
FOLD THE SEAM
MOUNTING SEAL
STEP 2 : Main sealing joint assembly
Put the push-on joint gasket inside the groove like normal push-on joint pipes

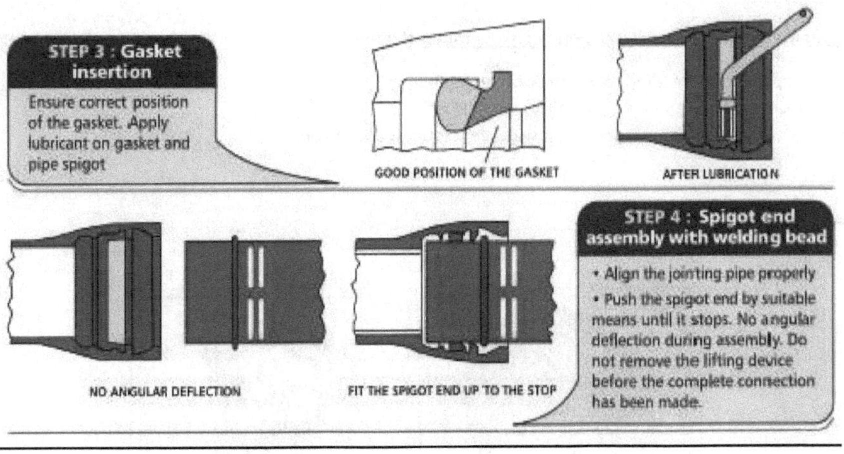
STEP 3 : Gasket insertion
Ensure correct position of the gasket. Apply lubricant on gasket and pipe spigot
GOOD POSITION OF THE GASKET
AFTER LUBRICATION
NO ANGULAR DEFLECTION
FIT THE SPIGOT END UP TO THE STOP
STEP 4 : Spigot end assembly with welding bead
• Align the jointing pipe properly
• Push the spigot end by suitable means until it stops. No angular deflection during assembly. Do not remove the lifting device before the complete connection has been made.

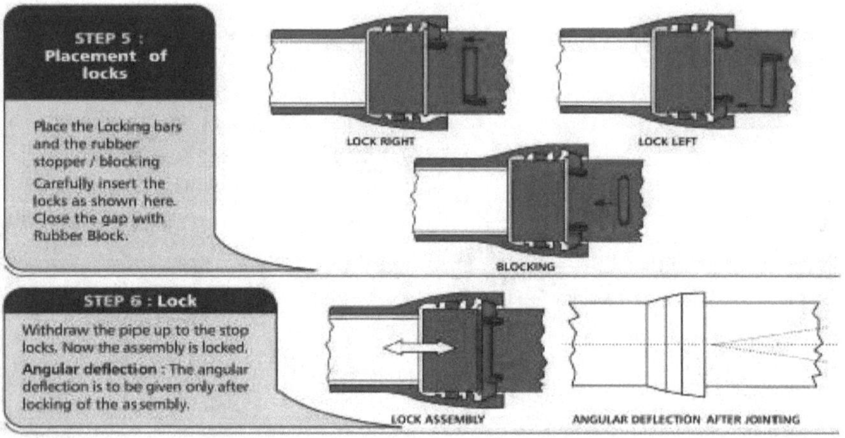

<u>Demontaż końcówki króćca za pomocą stopki spawalniczej:</u>

- Wepchnąć końcówkę króćca do oporu w mufie.
- Usunąć bloczki gumowe (kawałek gumy EPDM).
- Zdjąć metalowe zamki przez przewidziane do tego celu otwory.

<u>Okucia do elektrozamka</u>

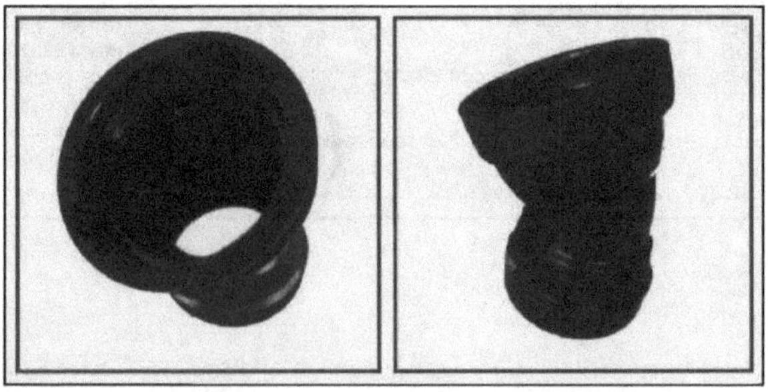

Rysunek 2: Zdjęcia złączy Electrolock.

CZĘŚĆ B: METODA ALABAMA OBLICZANIA DŁUGOŚCI POŁĄCZENIA SKRECANEGO

Obliczanie długości do zakotwiczenia (Metoda Alabama):

Obliczenie długości zakotwienia jest niezależne od zastosowanego systemu kotwienia. Wyznaczenie wymaganej długości dla rury stawu skręcanego na zgięciu poziomym, zgodnie z rysunkiem 10:

$$L = \frac{SfPA \tan(8/2) X 10^3}{Ff + (1/2) X Rs}$$

Gdzie,

L = Długość przewodów rurowych utwierdzonych na końcach martwych (m) P = Ciśnienie obliczeniowe (MPa)

A = Powierzchnia przekroju poprzecznego rur (m^2) Θ = Kąt zgięcia (stopień)

Sf = Współczynnik bezpieczeństwa.

Ff = Fs = jednostkowy opór tarcia dla standardowej rury z powłoką asfaltową (KN/m)

Rs = opór łożyska jednostkowego (KN/m)

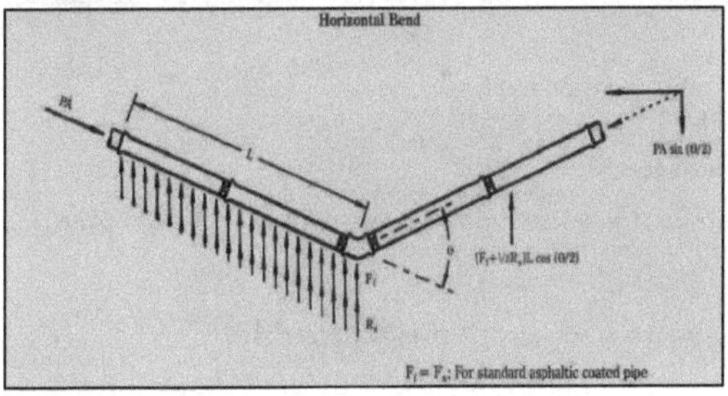

Rysunek 10

Wyznaczenie wymaganej długości dla Rury Mufy Usztywnionej na Martwych Końcach zgodnie z Rysunkiem 11:

$$L = \frac{Sf\ PA \times 103}{Ff}$$

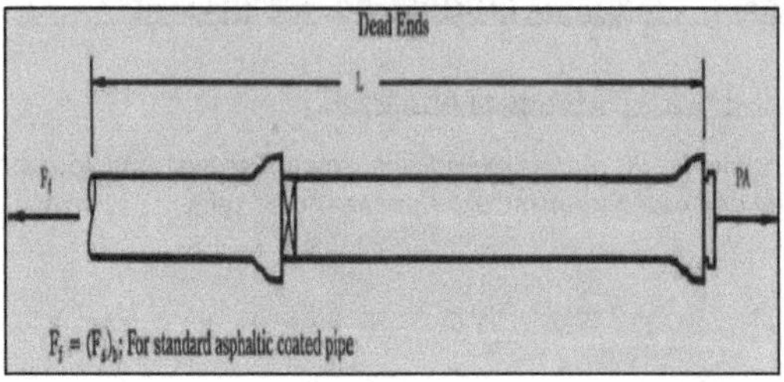

Rysunek 11

Gdzie,

L = Długość przewodów rurowych utwierdzonych wymagana dla końcówek martwych (m)

P = Ciśnienie obliczeniowe (MPa)

A = Powierzchnia przekroju poprzecznego rur (^{m2}) Sf = Współczynnik bezpieczeństwa.

Ff = Fs = jednostkowy opór tarcia dla standardowej rury z powłoką asfaltową (KN/m)

Rozważenia dotyczące określenia wymaganej długości rur powstrzymujących:

P = Ciśnienie obliczeniowe.	= 1 MPa
ϴ = Kąt zgięcia (dgree).	
Sf = Współczynnik bezpieczeństwa.	= 1,5
ϒ = Zasypywanie gleby w stanie zanurzonym (w wodzie).	= 8 KN/m3

Uwaga:

Rodzaj gleby - Muł 1 (Muł o średniej do niskiej plastyczności).

Stan ułożenia - typ 3 (zgodnie z normą ANSI/AWA C150/A21.50).

Poniższe wartości są zaczerpnięte z tabeli 3 DIPRA dla wyżej wymienionych warunków glebowych i rodzaju układania:

Kn = modyfikator stanu wykopu	= 0.4
fc = Współczynnik spójności gleby.	= 0
Cs = Spójność gleby (KN/m2)	= 0
Ф = Wewnętrzny kąt tarcia gruntu.	= 29°
Fφ = Współczynnik wewnętrznego kąta tarcia gruntu.	= 0.75
Nφ = tan2 (45 +φ/2)	= 2.884

Długość w metrach, która ma być utwierdzona po obu stronach zgięcia dla ciśnienia 1,0 Mpa o współczynniku bezpieczeństwa 1,5, podano w tabeli 5:

Tabela 5

DN	Wygięcie ^{900}			Wygięcie ^{450}			Wygięcie 22 1/20			Wygięcie 11 1/40			Pusty kołnierz		
	Głębokość pokrywy														
	1.0 m	1.5 m	2.0 m	1.0 m	1.5 m	2.0 m	1.0 m	1.5 m	2.0 m	1.0 m	1.5 m	2.0 m	1.0 m	1.5 m	2.0 m
80	5.73	4.50	3.71	2.37	1.86	1.54	1.14	0.90	0.74	0.56	0.44	0.37	7.54	6.24	5.32
100	7.40	5.72	4.67	3.06	2.37	1.93	1.47	1.14	0.93	0.73	0.56	0.46	9.99	8.13	6.85
150	11.85	8.94	7.18	4.91	3.70	2.97	2.36	1.78	1.43	1.17	0.88	0.71	16.84	13.28	10.96
200	16.33	12.16	9.68	6.76	5.03	4.01	3.25	2.42	1.93	1.61	1.20	0.95	24.02	18.57	15.14
250	20.73	15.32	12.15	8.59	6.35	5.03	4.12	3.05	2.42	2.04	1.51	1.20	31.27	23.88	19.32
300	25.01	18.41	14.57	10.36	7.63	6.03	4.97	3.66	2.90	2.46	1.81	1.43	38.44	29.13	23.45
350	29.19	21.46	16.96	12.09	8.89	7.03	5.81	4.27	3.37	2.88	2.11	1.67	45.59	34.36	27.56
400	33.12	24.34	19.24	13.72	10.08	7.97	6.59	4.84	3.83	3.26	2.40	1.90	52.33	39.33	31.50
450	36.90	27.15	21.48	15.28	11.25	8.90	7.34	5.40	4.27	3.63	2.67	2.12	58.89	44.19	35.36
500	40.62	29.94	23.71	16.82	12.40	9.82	8.08	5.96	4.72	4.00	2.95	2.34	65.36	49.03	39.23
600	47.58	35.25	27.99	19.71	14.60	11.59	9.46	7.01	5.57	4.69	3.47	2.76	77.57	58.27	46.66
700	54.09	40.30	32.11	22.40	16.69	13.30	10.76	8.02	6.39	5.33	3.97	3.16	89.10	67.13	53.85
800	60.16	45.11	36.08	24.92	18.68	14.95	11.97	8.97	7.18	5.93	4.44	3.55	99.88	75.58	60.79
900	65.77	49.64	39.86	27.24	20.56	16.51	13.08	9.87	7.93	6.48	4.89	3.93	109.86	83.53	67.39
1000	71.00	53.94	43.49	29.41	22.34	18.01	14.12	10.73	8.65	6.99	5.31	4.28	119.20	91.11	73.73

CZĘŚĆ C: GNIAZDO I KRÓCIEC WCISKANY W ZŁĄCZE (DO STOSOWANIA NAD ZIEMIĄ)

Układanie rurociągu nad ziemią wymaga określenia:
-system nośny, pomieszczenie rozszerzalności cieplnej, zakotwienie elementów poddanych działaniu siły hydraulicznej.

Wspiera

Podczas układania rur na ziemi zwykle przestrzega się następujących punktów.

- jedno siodło na rurę,
- każda podpora za gniazdem,
- siodełko podporowe (α=1200 to dobry środek ostrożności),
- zacisk mocujący z wykładziną gumową.

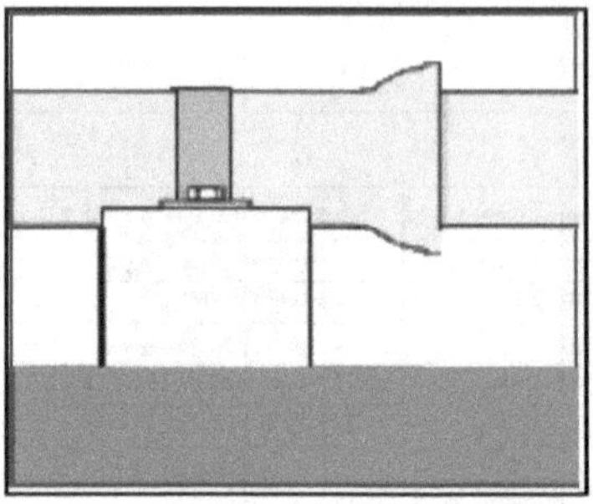

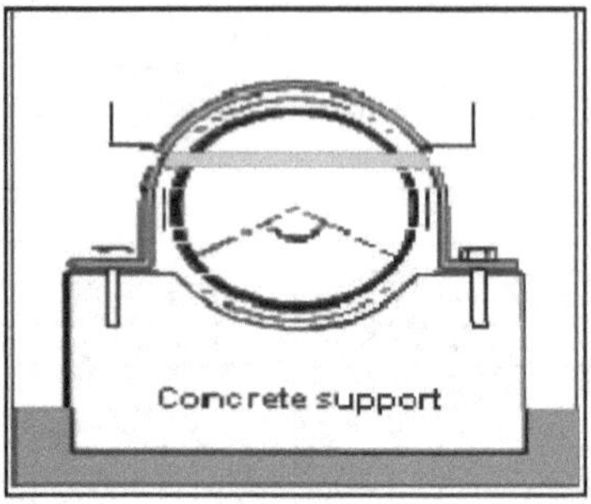

Rysunek 3: Podpory do układania rur nad ziemią.

Rozszerzalność cieplna

Zaletą rurociągów z żeliwa sferoidalnego jest to, że nie wymagają one instalacji absorberów rozprężnych.

Punkt stały: każda klamra musi być wystarczająco zabezpieczona, aby stanowiła punkt stały (należy użyć klamry o odpowiedniej szerokości).

Pomieszczenia dylatacyjne: złącze wtykowe pomiędzy poszczególnymi podporami działa jak absorber dylatacyjny, przyjmując wydłużenie długości rury (w dopuszczalnych granicach ΔT).

Kotwiczenie

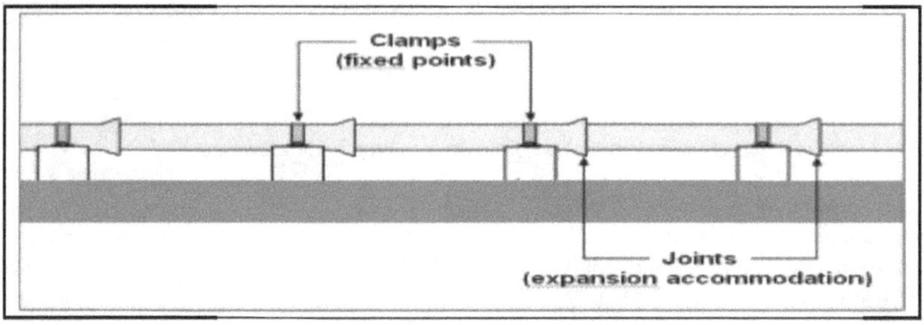

Rysunek 3: Położenie rury z zaciskami na podporach do układania rur nad ziemią.

Każdy element narażony na nacisk hydrauliczny (łuki, trójniki, stożki) musi być stabilizowany za pomocą bloku kotwiącego.

- Zmiany kierunku związane z dużymi łukami promieniowymi mogą być negocjowane po prostu poprzez ugięcie połączenia (w określonych granicach). W tym przypadku należy zwrócić uwagę na wzmocnienie kotwienia siodełkowego odpowiednich rur, po dokonaniu oceny ciągów hydraulicznych w ugiętych miejscach połączenia.
- Zaleca się zapewnienie odpowiedniego marginesu bezpieczeństwa na wymiarach podparcia (siodełka i obejmy), aby skompensować siły hydrauliczne wynikające z ewentualnego niewspółosiowości rur.

Złącza - Gniazdo i króciec typu Socket & Spilet

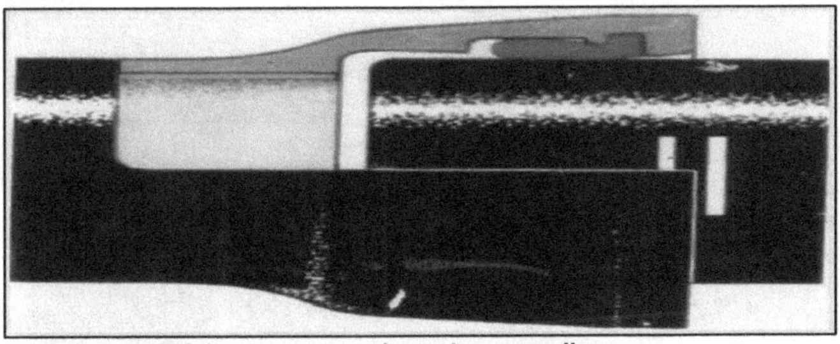

Rysunek 4: Widok poprzeczny połączenia z uszczelką

- Uszczelka gumowa izoluje jedną rurę od drugiej i zapobiega korozji elektrolitycznej w rurociągu.

Porozumienie o uszczelnianiu rur

- Wewnętrzny system rowkowania końcówki Socket trzyma uszczelkę.
- Uszczelka wyposażona jest we wnękę na uszczelkę, która jest integralnie dopasowana do dzwonu rury.
- Wewnętrzny kontur gniazda zapewnia gniazdo dla uszczelki.
- To odlewane zagłębienie, z odlewaną listwą oporową, zabezpiecza uszczelkę w odpowiedniej pozycji, gdy ukosowany koniec rury zostanie wepchnięty do domu. W ten sposób uszczelka zostaje ściśnięta, uszczelniając połączenie.

Uszczelki do rur z żeliwa sferoidalnego

Uszczelka jest jednym z głównych elementów, który zapewnia prawidłowe funkcjonowanie połączeń.

Uszczelki są dostarczane zgodnie z IS: 5382 - 1985 (zmieniona w maju 2002) - Specyfikacja dla gumowych pierścieni uszczelniających do sieci gazowych, wodnych i kanalizacyjnych.

Uszczelki gumowe stosowane do łączenia rur DI są skonstruowane poprzez połączenie dwóch rodzajów gum o różnej twardości (zwykle 40-50 Shore przy bańce i 80 Shore przy pięcie). Twarda guma jest używana do budowy pięty lub części kotwiącej uszczelki, podczas gdy miękka guma jest używana do budowy bańki uszczelniającej.

W rzeczywistości ciśnienie wewnętrzne jest przykładane do bańkowej części gumowej uszczelki (która działa jak uszczelka zapobiegająca wyciekaniu), podczas gdy wywierana siła jest równoważona przez mocniejszą część piętową uszczelki. Stwierdzono, że po zastosowaniu ciśnienia wewnętrznego sprężona uszczelka gumowa próbuje odzyskać kształt żarówki, co powoduje, że połączenie jest szczelniejsze, zapewniając tym samym 100% szczelność.

Utrzymanie ciśnienia i szczelność uszczelek

Jak pokazano na Rys. , gdy P > Pj +Pf, połączenie jest w 100% szczelne i zawsze jest to P > Pj +Pf

1. Test typu ECL przy nadciśnieniu wewnętrznym 53 kg/cm², z ugięciem i bez ugięcia nie wykazał nieszczelności.
2. Został on przetestowany do 1000 psi (70 Kg/cm²) Ciśnienie wewnętrzne i 430 psi (30 Kg/cm²) Ciśnienie zewnętrzne z NO LEAKAGE lub INFILTRATION - DIPRA.

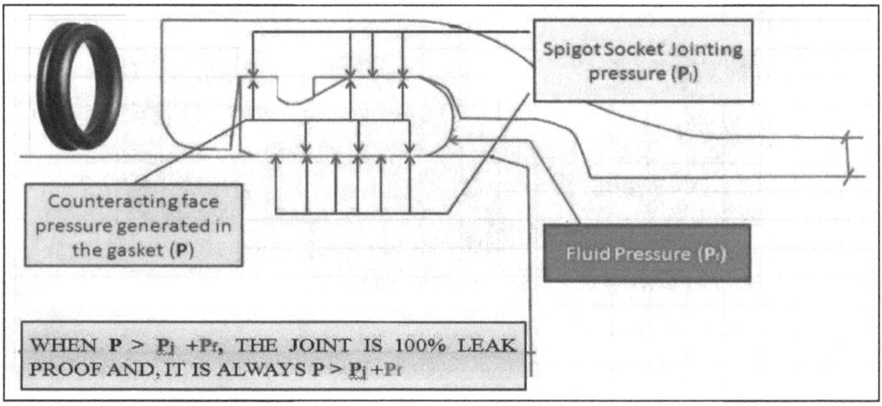

Rysunek 5: Schematyczny schemat sił działających na uszczelkę gumową.

Właściwości EPDM (Ethylene Propylene Diene Monomer) Uszczelka gumowa:

Zakres twardości (Shore A)	:	40-90
Gęstość właściwa	:	0.86
Odporność na ścieranie	:	Doskonały
Odporność na rozdarcie	:	Doskonały
Odporność na odkształcenia trwałe przez ściskanie	:	Doskonały
Odporność na utlenianie	:	Doskonały
Maksymalna temperatura użytkowania	:	1400C

Starzenie się uszczelek do rur z żeliwa sferoidalnego:

Zmiana właściwości mechanicznych elastomerów w czasie może być wskazywana przez dwa zjawiska:

- Pełzanie (rosnące odkształcenie pod stałym obciążeniem).
- Zrelaksowanie (rozluźnienie ściskania przy stałej deformacji).

W przypadku złączy kielichowych, uszczelnienie uzyskuje się poprzez docisk metalu do uszczelki. Odkształcenie elastomeru powstałe podczas łączenia pozostaje stałe. Zjawisko relaksu jest więc jedynym interesującym zjawiskiem.

Pomiar relaksacji:

Rozluźnienie elastomerów jest określane przez procedurę, która mierzy zmianę w czasie siły wymaganej do ściskania próbki o stałym odkształceniu.

Powyższy wykres przedstawia relaksację w temperaturze otoczenia EPDM stosowanego w połączeniach rur z żeliwa sferoidalnego stosowanych w instalacjach zaopatrzenia w wodę pitną i nawadniania.

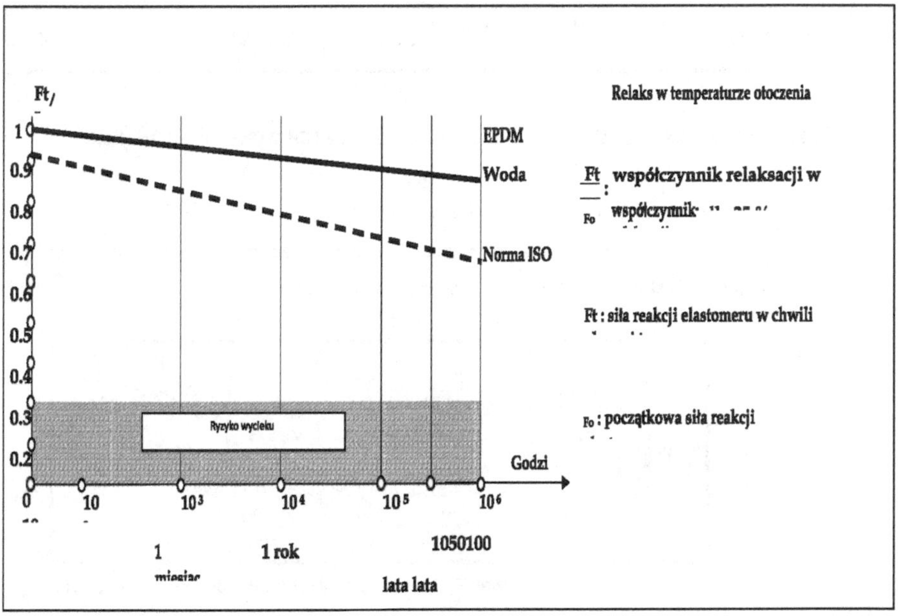

Rysunek 6: Obliczanie relaksacji w temperaturze otoczenia

Łączenie Dopuszczalne ugięcie podczas układania

Dopuszczalne ugięcie dla różnych zakresów średnic podano w tabeli 2.

Tabela 2

DN	Dopuszczalne odchylenie po ułożeniu (stopnie)	Długość rury (m)	Promień krzywizny R (m)	Maksymalne przemieszczenie Δ (cm)
80-150	3.5^{0}	5.5	90	34
200 - 300	3.5^{0}	5.5	90	34
350 - 600	2.5^{0}	5.5	126	24
700 - 800	1.5^{0}	5.5	210	14
900 - 1200	1.5^{0}	5.5	210	14

Rodzaj testu stawów: Szczelność połączeń na dodatnie i ujemne ciśnienie wewnętrzne:

- Końcówka króćca jest obrobiona do minimum.
- Otwór w gnieździe jest obrabiany do maksimum.
- Połączenie zmontowane z uszczelką i obciążeniem ścinającym przyłożone jest na końcu króćca.
- Połączenie jest badane pod ciśnieniem wyższym niż ciśnienie próbne robocze z ugięciem i bez ugięcia połączenia.

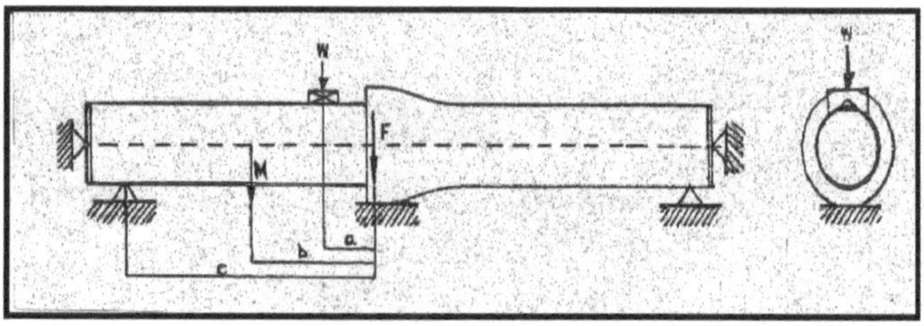

Rysunek 7: Schematyczny schemat zespołu badania typu.

Typ Wyniki badań

Wyniki uzyskane z badania typu są podane w tabeli 3 poniżej:

Tabela 3

DN	Lokalizacja testowa	Rodzaj testu	Siła ścinająca	Ciśnienie	Czas trwania pomocy	Dopuszczalny spadek ciśnienia	Uwagi
(mm.)			(Newton)	(kg./cm2)	(min.)	(kg./cm2)	
800	WIELKA BRYTANIA	I	57500	53.0	120	0.50	Brak wycieku
800	WIELKA BRYTANIA	I (4.50)	--	53.0	120	0.50	Brak wycieku
800	WIELKA BRYTANIA	II	40000	2.0	120	0.10	Brak wycieku
800	WIELKA BRYTANIA	III	40000	-0.9	120	0.09	Brak wycieku

I = Szczelność połączeń na nadciśnienie wewnętrzne (bez ugięcia).

I (4.50) = Szczelność połączeń na nadciśnienie wewnętrzne (z ugięciem).

II = Szczelność połączeń na nadciśnienie zewnętrzne.

III = Szczelność połączeń na podciśnienie wewnętrzne.

Rysunek 8

Rysunek 9

Rysunki 8 i 9: Zdjęcia z badania szczelności połączeń rur z żeliwa sferoidalnego.

CZĘŚĆ D : Układanie i łączenie rur DI w terenie o dużym nachyleniu/pagórkowatym.

Układanie sieci z żeliwa sferoidalnego na stromych zboczach można wykonać na dwa sposoby:
- używając betonowych bloków do każdej rury, używając betonowego bloku na główce o zakotwiczonej długości.

Siła osiowa

Po przekroczeniu pewnego kąta tarcie pomiędzy siecią główną a podłożem jest niewystarczające do utrzymania sieci głównej. Następnie należy przeciwdziałać wzdłużnemu ruchowi grawitacyjnemu za pomocą bloków kotwiących lub połączeń zakotwiczonych, lub za pomocą kombinacji obu tych technik. Mówiąc prościej, okazuje się, że główny musi być zakotwiczony, gdy nachylenie przekracza: 20 % dla powierzchniowego głównego i 25 % dla zakopanego głównego.

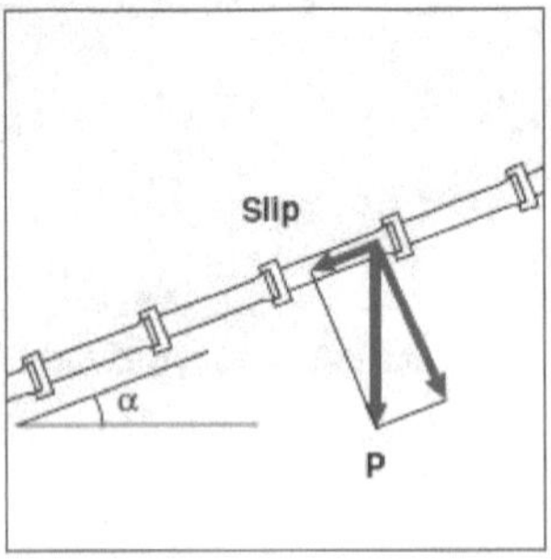

Zakotwiczenie każdej rury

Technika ta jest całkiem odpowiednia dla sieci powierzchniowych.

- Blok kotwiczący za każdą kielichową rurą.
- Gniazda są skierowane w górę, aby dokonać zakupu na blokach.
- Pomiędzy końcem króćca a tylną częścią komory gniazdowej pozostawiono 10 mm odstępu w celu umożliwienia rozszerzenia.

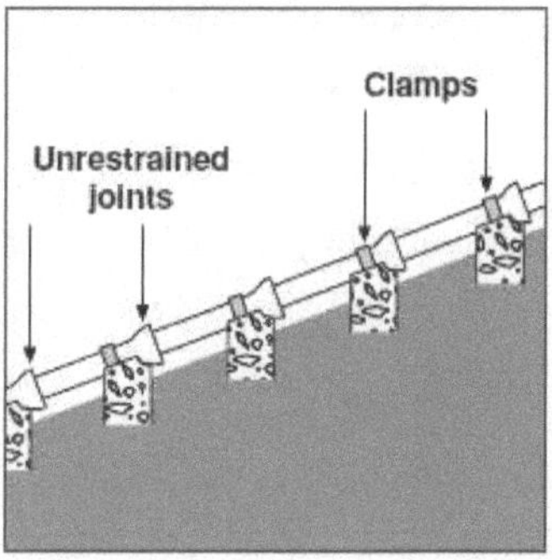

Kotwienie za pomocą połączeń kotwionych

Technika ta jest całkiem odpowiednia dla rur układanych pod ziemią. Polega ona na zakotwieniu odcinka rur zakotwiczonych:

- albo za pomocą bloku kotwiącego umieszczonego za kielichem rury przewodowej,
- lub poprzez dodatkową długość zakotwiczoną (L) zainstalowaną w płaskiej części za górnym zagięciem.

Maksymalna siła osiowa jest podparta przez pierwsze połączenie kotwione poniżej bloku. Siła ta jest funkcją gradientu, a także długości zakotwiczonego odcinka. Maksymalna dopuszczalna długość jest zatem określona przez granicę wytrzymałości połączenia kotwionego.

Uwaga:

(1) Jeżeli długość nachylenia przekracza dopuszczalną długość zakotwienia, zjazd może być wykonany na kilku niezależnych odcinkach, z których każdy jest zakotwiczony przy głowicy za pomocą betonowego bloku. Złącza końcowe sekcji nie są w tym przypadku kotwione.

(2) Główny element musi być położony w dół, począwszy od najwyższego punktu, tak aby system samozaciskowy był w pełni włączony i napięty.

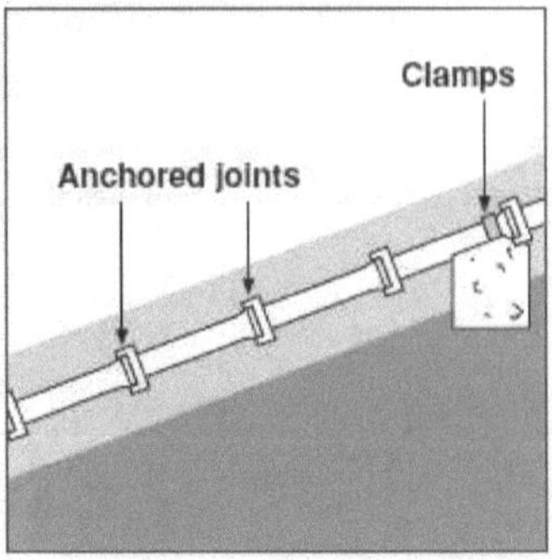

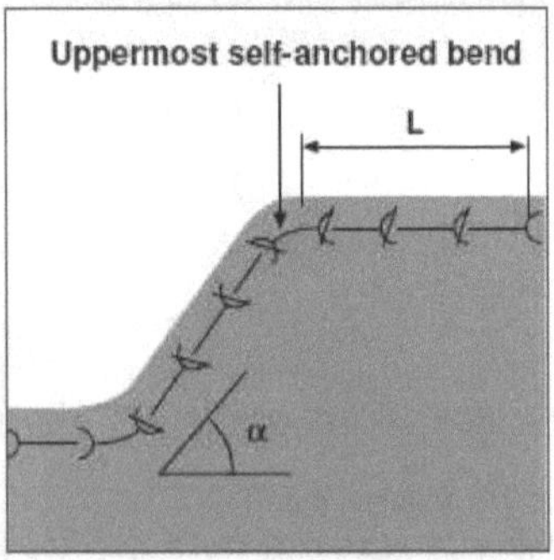

<u>**Wymiary bloku kotwiącego dla odcinka zakopanego**</u>

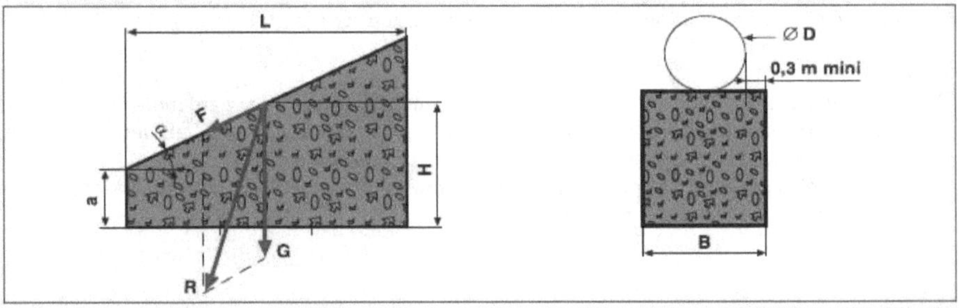

a: wysokość pięty bloku α: nachylenie **F**: siła poślizgu **L**: długość miejsca siedzącego **B**: szerokość miejsca siedzącego

H: wysokość bloku **W**: ciężar rury lub przekroju wypełnionego wodą **S**: przekrój poprzeczny

Pmax: maksymalne ciśnienie robocze dla połączenia zakotwiczonego ***f***: współczynnik tarcia gruntu/rury

Φ: kąt tarcia wewnętrznego. **G** : ciężar bloku γ: gęstość nasypowa betonu (22 000 N/m3) **D**: średnica rury

Hipotezy

- R przechodzi przez środkową trzecią część podstawy bloku.
- Siła nacisku hydraulicznego na górnym zgięciu nie jest brana pod uwagę.

Wymiary bloku

$L = \left[\frac{6F\cos\alpha}{\gamma\beta}\right]^{\frac{1}{2}}$

H = 0,5 L tg α + a (a = 0,10 m mini*)*

G = γLBH

Gdzie:

F = W (grzech α - fcos α)

f = α2 tg (0,8 . Φ) z   *α2 = 1* rury pokryte cynkiem + lakierem

α2 = $\frac{2}{3}$ rura w tulei PE, PE lub PU

Inne warunki, które należy sprawdzić:

- odporność na zakotwiczone połączenia: W < Pmax . S
- zablokować antypoślizgowe: $\frac{F\cos\alpha}{G} \leq 0.9 \text{ tg } \Phi$ (w przeciwnym razie zwiększyć H)

++++

VI. STUDIUM PRZYPADKU DOTYCZĄCE PODZIEMNEJ SIECI DYSTRYBUCJI RUROCIĄGÓW (UGPL)

Autor:

Sabarna Roy
Senior Vice President (Business Development),
Electrosteel Castings Limited,
G. K. Tower, 19, Camac Street,
Kolkata - 700017.
Email: sabarnaroy@electrosteel.com
Ph. No. +91 9830066086, +91 9836806086

1. WPROWADZENIE

Under Ground Pipeline Distribution Network (UGPL) jest używany do nawadniania polecenia poprzez sieć grawitacyjną, gdzie polecenie jest ostatecznie podzielone na małe kawałki, takie jak 1, 2 lub 4 hektary, a wyjście jest dostarczane w najwyższym miejscu tego kawałka nazwie subchak. Wszystkie takie wyloty są połączone z wymaganą średnicą rury, tak aby wymagany zrzut mógł być dostarczony do podczaka, który *jest ostatnim rolnikiem na polu, co jest ostatecznym celem nawadniania za pomocą rur.*

2. RÓŻNICE MIĘDZY NAWADNIANIEM WINDĄ A NAWADNIANIEM UGPL

A. UGPL Nawadnianie

1. Źródło wody jest wyższe niż polecenie.
2. Wyładunek przechodzi przez rury siłą grawitacji, która zależy od różnicy głowicy pomiędzy naturalnym źródłem wody a komendą.
3. Prędkość w rurach jest osiągana dzięki dostępnej sile grawitacji.
4. Jeśli dostępna siła grawitacji jest mniejsza, średnica rury jest bardziej do zrzutu projektu do nawadniania polecenia.
5. Koszt sieci UGPL zależy od różnicy głowic i odległości między komendami do nawadniania. Koszt jest mniejszy, jeśli dostępna głowa jest większa w stosunku do odległości. Koszt jest większy, jeśli dostępna głowa jest mniejsza w stosunku do odległości.
6. Nie jest wymagana żadna siła zewnętrzna, ponieważ do przepływu wykorzystuje się naturalną topografię i cechy terenu.

B. Podnoszenie irygacji

1. Naturalne źródło wody jest niższe niż polecenie do nawadniania.
2. Wyładowanie (woda) musi być podnoszone za pomocą pompy elektrycznej.
3. Do nawadniania komendy potrzebna jest dodatkowa struktura, taka jak studnia wlotowa, kanał podejścia, pompownia, pompownia (wznosząca się) główna i zbiornik dystrybucyjny.
4. Średnica głównej linii grawitacyjnej od zbiornika dystrybucyjnego i sieci zależy od utworzonej sztucznej głowicy. Jeśli różnica głowicy między komendą a zbiornikiem

dystrybucyjnym jest większa, to średnica rury jest mała, a jeśli różnica głowicy między komendą a zbiornikiem dystrybucyjnym jest mała, to średnica rury jest większa.

5. Koszt sieci grawitacyjnej w nawadnianiu windowym zależy od sztucznej głowy stworzonej. Jeśli stworzona głowa jest większa, koszt sieci grawitacji jest niski, a jeśli stworzona głowa jest mała, koszt systemu grawitacji jest wysoki. Ale jeśli stworzona głowica jest większa, koszt systemu pompowania i koszt energii jest większy, a jeśli stworzona głowica jest niska, koszt pompowania i koszt energii jest niski. Dlatego też konstrukcja głowicy podnośnika oraz konstrukcja systemu grawitacyjnego powinny być optymalne, tak aby koszt długoterminowego nawadniania podnośnika był niski.
6. W systemie nawadniania w windach może być konieczne wystąpienie wysokiego ciśnienia.

3. ROZWÓJ SYSTEMU UGPL

W SSNL w 2014 r. technologia UGPL została zaadoptowana do prac rozwojowych na obszarze dowodzenia, gdzie do podłączenia wody Sardar Sarovar wymagane/używane były rury o średnicy 350 mm i poniżej. Rury z tworzyw sztucznych były stosowane szaleńczo. W tym czasie główna grawitacyjna i sieć systemu nawadniania dźwigowego były również oznaczone jako sieć UGPL. Teraz nie jest to już robione z następujących powodów:

1. Ponieważ przy nawadnianiu podnośnikowym część główna i sieć grawitacyjna pracuje na sztucznej głowicy. Natomiast klasyczny UGPL działa w naturalnych warunkach topograficznych i terenowych. Nawet metodologia powtórzeń w projektowaniu jest inna.
2. Ograniczając się do doświadczenia SSNL, uważano, że tylko prace CAD/OFD mogą być konwertowane do klasycznej koncepcji UGPL. W Anandapur Barrage Project pokazano, że tak nie jest. Opierała się ona na zrozumieniu topografii różnych indyjskich miejsc nawadniania, które z kolei były oparte na badaniach GIS i Google Maps.
3. Po trzecie, projekt klasycznego systemu nawadniania podnośników zależał od diggies. Poza diggies CAD/OFD prace zostały podjęte oddzielnie. Czasami części te były tak opóźnione, że rolnicy nie czerpali żadnych korzyści z systemów nawadniania w windach. W związku z tym obecnie kładzie się większy nacisk na UGPL, ponieważ pozwala on na oszczędność energii i przewiduje większą część projektu.
4. Istnieje inny rodzaj systemu nawadniania za pomocą wind, w którym woda jest udostępniana koparkom poprzez pompowanie i unikanie stosowania zbiorników dystrybucyjnych; dzięki temu nie wykorzystuje się zalet terenu. Było to praktykowane w Odisha przez specjalną firmę inżynieryjną z Hyderabadu w celu zminimalizowania średnicy rur, a tym samym stworzenia zysków dla powiązanych z nią wykonawców EPC. Walczyliśmy z tym trendem i pokonaliśmy tę technologię opartą na optymalnym wykorzystaniu energii.

4. HYDRAULIKA SYSTEMU PODZIEMNYCH PRZEWODÓW RUROWYCH:

W przypadku metody nawadniania powierzchniowego, gdzie nie są wymagane duże głowice, stosuje się podziemny system rur, który jest zasadniczo systemem niskociśnieniowym. Dostępne różnice poziomów opadających cech topograficznych zapewniają głowicy roboczej systemu, tj. siły grawitacyjne stymulują przepływy niskiego ciśnienia przez ten system.

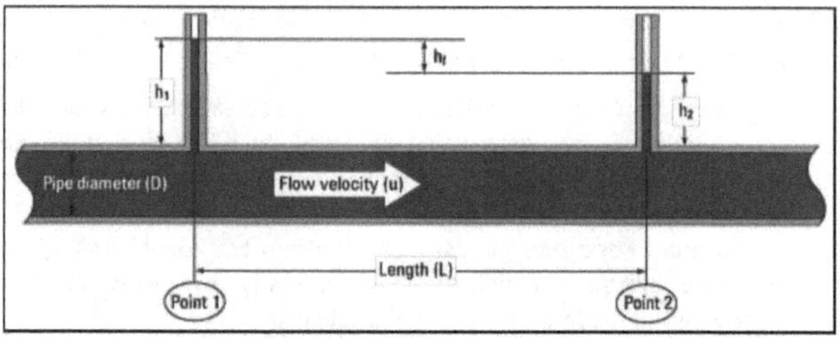

Rysunek-1: Schemat hydrauliki układu przewodów rurowych

Gdzie, h1 = dostępna głowa w punkcie 1, h2 = dostępna głowa w punkcie 2, hf = strata głowy, Q = wyładunek

Przepływy rurowe nie mają swobodnej powierzchni, która występuje w przepływie otwartym. Zamknięty w zamkniętym przewodzie, nie wywiera bezpośredniego ciśnienia atmosferycznego, lecz ciśnienie hydrauliczne na przewód.

Straty energii w przepływie rurowym

Kiedy ciecz przepływa przez rurę, ciecz napotyka na pewien opór, przez co część energii płynu jest tracona.

Straty energii: Duże straty (tj. straty wynikające z tarcia - ok. 80-90% całkowitej straty) oraz niewielkie straty (nagłe rozszerzanie się, nagłe skurcze, wyginanie się rur, łączenie rur lub jakakolwiek przeszkoda w rurze).

Strata z tytułu tarcia może być obliczana za pomocą różnych wzorów i metod empirycznych -

- Równania Darcy-Weisbach i Colebrook-White
- Zmodyfikowany wzór Hazena-Williamsa

5. PRZYDATNOŚĆ SYSTEMU UGPL

1. W przypadku stromych zboczy możliwa jest opcja pod linią rur gruntowych.
2. System UGPL jest odpowiedni dla stref zalewowych. Open Channel może być zanurzony lub wypłukany w porze deszczowej.
3. UGPL bez pompowania jest możliwy do stosowania na stokach o nachyleniu większym niż 1:500 przy dostępności wystarczającej ilości głowicy hydraulicznej.
4. Utrata głowy jest dominującym czynnikiem w systemie nawadniania, dlatego w topografii płaskiej system UGPL nadaje się na ogół tylko do pompowania.

6. KRYTERIA PLANOWANIA

1. Do planowania czaków (40-60 ha) / subczaków (5-8 ha) odpowiednich do Rotational Water Distribution Schedule (RWS), dla UGPL.
2. Lokalizacja rozjazdu jest utrzymywana na granicy pola, aby zminimalizować długość kanału pola.
3. Przygotowanie rotacyjnego harmonogramu dystrybucji wody na odpływy.

4. Wyrównanie systemu UGPL powinno być zaplanowane na całym obrysie, aby uzyskać wystarczającą ilość głowicy do pokonania strat spowodowanych tarciem w przepływie rur. Zasadniczo należy unikać wyrównywania systemu UGPL wzdłuż konturów.

5. O ile to możliwe, nie należy stosować odwróconego spadku, aby uniknąć wysokich konstrukcji, przewodów ciśnieniowych, nieszczelności i większej konserwacji z uwagi na ekonomię.

7. KRYTERIA PROJEKTOWE

1. Nachylenie hydrauliczne w dowolnym punkcie znajduje się zazwyczaj na wysokości co najmniej 0,30 m nad górnym RL rury.
2. Nachylenie hydrauliczne nie powinno w żadnym miejscu przebiegać poniżej wysokości rury.
3. Minimalna prędkość powinna wynosić 0,6 m/s, aby uniknąć zamulenia i udławienia w rurze.
4. Maksymalna prędkość powinna wynosić 1,2 m/s, aby uniknąć dodatkowych strat głowicy w rurze.
5. FSL rozjazdów powinien być utrzymywany co najmniej 20 cm powyżej najwyższego poziomu gruntu pod czakiem.
6. Głowica robocza jest utrzymywana na 15 cm.
7. Odpowietrzniki powinny być umieszczone pomiędzy lokalizacjami, jeżeli długość przewodu rurowego przekracza 200 m lub jeżeli możliwe jest zatrzymanie powietrza.
8. Należy podjąć wszelkie możliwe środki w celu ułatwienia płukania systemu poprzez zapewnienie odpowiednich wylotów niskiego poziomu w strukturze (studzienkach) linii rurowej.
9. Aby zapewnić wolną burtę, należy zapewnić wysokość studni jak poniżej : a) poziom gruntu + 0,90 m lub b) FSL + 0,60 m, w zależności od tego, która wartość jest wyższa
10. W związku z tym, że wyładunek dla pod-lekarzy będzie się wahał od 0,015 do 0,036 kumeców, średnica rury będzie się zmieniać.
11. Wszystkie konstrukcje mają na celu zabezpieczenie przed ewentualnym przedostaniem się wód powodziowych i osadów do systemu UGPL w strefie zalewowej.

8. PROCEDURA PROJEKTOWANIA

A. <u>Sprawozdania z udzielenia absolutorium/Świadectwa zdolności produkcyjnych:</u> Obliczenia projektowego wypływu, strat głowicy na skutek tarcia w rurze, wymaganego FSL i dostępnego FSL punktu poboru sub-moll/ rozjazdu, górnego RL odwiertu, dolnego RL odwiertu itp. wykonuje się za pomocą opracowanego we własnym zakresie oprogramowania.

B. <u>Silt Pocket:</u> Należy zapewnić 1-metrową kieszeń mułową w studni RCC w wersji mniejszej i pół-mułowej w wersji mniejszej.

C. <u>Sitko:</u> W celu sprawdzenia materiałów pływających przy studzience zbiorczej, na wejściu do odpływu, tj. przy głowicy rury, należy zapewnić pręt żelazny ocynkowany o średnicy 6 mm w odstępie 5 cm c/c.

D. Drabina: Do celów kontroli i konserwacji odwiertów RCC należy zapewnić stopnie o szerokości 450 mm z prętami o średnicy 28 mm w rozstawie 30 cm c/c z ramką kątową MS o wymiarach 40x40x6 mm wchodzące i wychodzące ze studni.

9. KONSTRUKCJE, KTÓRE MAJĄ BYĆ BUDOWANE W SYSTEMIE UGPL

Zbieranie studni RCC, zaworu śluzy Kundi, struktury Turn Out z trójnikiem, struktury zaworu powietrza, zawór płuczący (Scour Tee).

10. ZARZĄDZANIE SYSTEMEM I JEGO OBSŁUGA

1. Planowanie i projektowanie powinno być zgodne z wymaganiami opisanymi w pkt 1.2 i 1.3. System kanałów nad punktem konstrukcyjnym zwanym systemem transportowym powinien być dobrze regulowany za pomocą odpowiednich bramek.
2. System poniżej punktu strukturalnego zwanego siecią dystrybucyjną składa się z podziemnego systemu rurociągów obsługujących dławiki o wielkości od 40 do 60 ha. Szczeliny powinny być wyposażone w podziemne cieki wodne sieci wodociągowej obsługujące szczeliny o powierzchni od 5 do 8 ha. Pojedyncze gospodarstwo jest obsługiwane za pomocą systemu nieliniowych kanałów polowych.
3. Konstrukcja sieci dystrybucyjnej poniżej punktu struktury, tj. Dystrybutorów, powinna być swobodnie opróżniana i działać na zasadzie ON-OFF. Wszystkie kanały systemu dystrybucyjnego podczas pracy pracują na FSL. System będzie dostarczał każdy czak jednocześnie poprzez proporcjonalną strukturę podziału przepływu.

11. FUNKCJE ZARZĄDZANIA SYSTEMEM UGPL

A. *Przydział wody*

1. Sezonowy / roczny przydział wody jest wyrażony w lps na hektar.
2. Rolnicy posiadający studnie są obsługiwani w taki sam sposób, jak rolnicy nieposiadający studni.
3. Dostępna woda jest dostarczana do planowanego obszaru wyznaczonego jako obszar dowodzenia uprawami (CCA).
4. Rolnicy mają swobodę wyboru upraw, powierzchni upraw i metod nawadniania w celu maksymalnego wykorzystania przydzielonej wody i innych istniejących zasobów wodnych. System kanałów nie może być wykorzystywany do obsługi konkretnych upraw.

B. *Zarządzanie*

1. Wszystkie przewody rurowe systemu dystrybucyjnego powinny być eksploatowane przy pełnym rozładowaniu, tzn. na FSL lub w inny sposób, powinny pozostać puste. W okresie rotacji woda do nawadniania jest dostarczana w sposób ciągły w dzień i w nocy.
2. Struktury na tych rurociągach są na ogół dzielone proporcjonalnie i nie wymagają żadnych działań regulacyjnych/regulacyjnych/ręcznościowych. Nie ma regulowanych zasuw, a jedynie zawory otwierające/zamykające dla rozjazdów subchakowych.
3. Utrzymanie kanałów polowych poza rozjazdami jest obowiązkiem rolników.
4. Ręczne sterowanie będzie się odbywało na głowicy mniejszej/dystrybucyjnej w systemie, a system poniżej głowicy mniejszej będzie automatyczny.

5. Należy obserwować wyładowania na głowie i ogonie osoby niepełnoletniej, aby kontrolować wydajność cieków wodnych.

6. Przy wylotach nie może być żadnych bramek.

C. *Rotacja*

1. Decyzje o wielkości rotacji będą podejmowane z uwzględnieniem dostępności wody w zbiorniku i w porozumieniu z rolnikami.

2. Okresy rotacji trwają z reguły 7 dni, czyli 168 godzin łącznie z godzinami nocnymi.

3. Dni "włączone" mogą być zmieniane w zależności od szczególnych potrzeb lub ograniczeń systemu.

4. Czas potrzebny do napełnienia rurociągu do ostatniego wylotu w każdym z odgałęzień sieci rurociągów jest ustalany z wyprzedzeniem, a zwolnienia w każdym z ramion będą dokonywane odpowiednio, co będzie stanowić dodatek do siedmiodniowego okresu (Rotacja).

5. Nie ma przepisu przewidującego rekompensatę za "odwrót" dla każdego indywidualnego rolnika, który z jakiegokolwiek powodu może nie otrzymać swojej kolei.

D. *Przydział czasu*

1. Czas trwania rotacji jest przydzielany każdemu z beneficjentów w poleceniu wylotu proporcjonalnie do CCA. Każdy kultywator ma prawo do otrzymywania wody w określonym dniu i przez określony czas, łącznie z porą nocną.

2. Ponieważ nawadnianie ma odbywać się w ciągu dnia i w nocy, skręty mogą być jednak przesunięte o 12 godzin z roku na rok, tak aby rolnicy otrzymujący wodę w nocy w ciągu jednego roku mieli swoją kolej w ciągu dnia w następnym roku.

3. W przypadku przydziału czasu do każdego pola brane są pod uwagę straty przesączania i czas napełnienia kanału polowego.

4. Dystrybucja wody we wszystkich rurociągach, w tym w rurociągach polowych, będzie przebiegać od głowy do ogona.

12. ZALETY SYSTEMU UGPL

1. Oszczędność gruntów - Niewielkie straty gruntów rolnych z powodu prawie całego systemu są zakopywane pod ziemią, w wyniku czego nie traci się znaczących, produktywnych gruntów rolnych, jak zwykle w przypadku sieci otwartych kanałów.

2. Oszczędność pracy - kontrola wody jest prosta.

3. Trwałość - Rurociąg właściwie zaprojektowany, wykonany z dobrej jakości materiałów i dobrze skonstruowany ma długą żywotność.

4. Jest to wykonalny system nawet dla obszarów zalewowych i nieużytków.

5. Postępy w projektowaniu i budowie będą szybkie. Odwadnianie i konstrukcje przejazdowe nie będą wymagane.

6. Bez problemów z pozyskiwaniem gruntów i opóźnień; system można zbudować szybko - pozwala to na oszczędność czasu, a w konsekwencji na oszczędność kosztów.

7. Łatwość przenoszenia - z punktu poboru wody do punktów poboru wody można przejść najbardziej bezpośrednią drogą. Jest to szczególnie ważne w obszarze pofałdowanym. Długość rurociągu dystrybucyjnego jest minimalna.

8. Water Saving Impact - Potencjalnie oszczędza straty wody wynikające z parowania w systemie dystrybucji powierzchniowej.
9. Nie ma przeszkód w przemieszczaniu sprzętu rolniczego.
10. Pełny rozwój komendy jest możliwy. Nie będzie problemu dla użytkowników ogona, jak widać w systemach kanałów otwartych.

13. PROJEKTY UGPL W INDIACH

W Indiach istnieją ostatnio opracowane projekty UGPL, w ramach których system oparty na kanałach został przekształcony w podziemną sieć dystrybucji rurociągów (UGPL).

1. Kengtinalla Irrigation Project, Odisha - Szczegóły projektu, zestawienie ilości i kosztorysów.
2. Tatko Irrigation Project, Bengal Zachodni - szczegóły projektu, zestawienie ilości i kosztorysów.
3. Anandapur Barrage Project, Odisha - Szczegóły projektu, zestawienie ilościowe i kosztorysy.

13.1 Podsumowanie projektu Kengtinalla Minor Irrigation Project w Odisha:

Streszczenie kosztów sieci dystrybucji podziemnych rurociągów (UGPL) Kengtinalla MIP (na hektar Koszt sieci dystrybucji do 20 ha Chak)	
ITEM	**KWOTA**
Koszt Rurociągu wraz z armaturą wraz z kosztami montażu.	7,95,56,190
Prace ziemne i wsteczne napełnianie	22,58,077
Koszt zaworów powietrznych wraz z kosztami montażu.	1,17,544
Koszt zaworów śluzy wraz z kosztami ich montażu.	10,26,589
Koszt czyszczenia zaworów wraz z kosztami ich montażu.	6,11,181
Koszt prac RCC na konstrukcjach odbiorczych, płuczących, zaworach powietrza i ich fundamentach wraz z kosztami materiałów.	11,93,343
Koszt zaworu śluzy Kundi	6,98,624
Całkowity koszt terenowej sieci dystrybucji UGPL (Rs.)	8,54,61,548
Całkowity koszt terenowej sieci dystrybucji UGPL (Rs. In Lacs)	1,650
Całkowity koszt terenowej sieci dystrybucji UGPL z GST @12%.	***9,57,16,934***
CCA przepływu grawitacyjnego pod (Ha)	525
Koszt Sieci Dystrybucji Polowej UGPL na hektar przy GST @12%.	***1,82,318***

Streszczenie kosztów sieci dystrybucji podziemnych rurociągów (UGPL) Kengtinalla MIP (na hektar Koszt pracy CAD do 1 ha Chak)	
ITEM	**KWOTA**
Koszt Rurociągu wraz z armaturą wraz z kosztami montażu.	6,28,991
Prace ziemne i wsteczne napełnianie	56,399
Koszt prac RCC na konstrukcjach odbiorczych, płuczących, zaworach powietrznych i ich fundamentach.	5,557
Struktura rozjazdów	1,61,482
Całkowity koszt terenowej sieci dystrybucji UGPL (Rs.)	8,52,429
Całkowity koszt terenowej sieci dystrybucji UGPL (Rs. In Lacs)	9
Całkowity koszt terenowej sieci dystrybucji UGPL z GST @12%.	***9,54,720***
CCA przepływu grawitacyjnego pod (Ha)	17
Koszt Sieci Dystrybucji Polowej UGPL na hektar przy GST @12%.	***56,761***

13.2 Podsumowanie projektu Tatko Minor Irrigation Project w Zachodnim Bengalu:

Streszczenie kosztów naziemnej sieci dystrybucji rurociągów (UGPL) Tatko MIP (na hektar Koszt sieci dystrybucji do 20 ha Chak)	
ITEM	**KWOTA**
Koszt Rurociągu wraz z armaturą wraz z kosztami montażu.	4,01,13,956
Prace ziemne i wsteczne napełnianie	16,42,529
Koszt zaworów powietrznych wraz z kosztami montażu.	98,968
Koszt zaworów śluzy wraz z kosztami ich montażu.	8,16,801
Koszt czyszczenia zaworów wraz z kosztami ich montażu.	76,218
Koszt prac RCC na konstrukcjach odbiorczych, płuczących, zaworach powietrza i ich fundamentach wraz z kosztami materiałów.	15,69,677
Koszt zaworu śluzy Kundi	9,49,759
Badania szczegółowe, projektowanie i wszystkie rysunki inżynieryjne sieci podziemnych rurociągów nawadniających (Under Ground Pipeline Irrigation).	10,69,375
Całkowity koszt terenowej sieci dystrybucji UGPL (Rs.)	4,63,37,284
Całkowity koszt terenowej sieci dystrybucji UGPL (Rs. In Lacs)	463
Całkowity koszt terenowej sieci dystrybucji UGPL z GST @12%.	*519*
CCA przepływu grawitacyjnego pod (Ha)	428
Koszt Sieci Dystrybucji Polowej UGPL na hektar przy GST @12%.	*1*

13.3 Podsumowanie projektu Zapory Anandapur w Odisha:

ABSTRAKCYJNE NAWADNIANIE PODZIEMNEGO RUROCIĄGU DO OBSZARU DOWODZENIA PROJEKTEM ZAPORY ANANDAPURSKIEJ							
Sl. Nie.	**Opis**	**Pakiet-1**	**Pakiet-2**	**Pakiet-3**	**Pakiet-4**	**Pakiet-5**	**Razem**
A	**Części składowe robocze**						
i)	Sieć rur dla systemu dystrybucji (UGPL Disty & Minor)	1,08,33,01,917	20,75,62,113	1,10,57,14,475	1,12,91,23,185	4,71,94,65,419	8,24,51,67,109
ii)	Sieć rur do prac CAD (UGPL Sub-Minor)	34,66,66,072	23,41,76,636	58,15,83,384	65,34,54,715	2,90,65,94,570	4,72,24,75,378
iii)	O i M przez 5 lat	17,97,111	11,22,673	49,66,566	52,87,092	1,68,91,941	3,00,65,384
B	**Nabycie ziemi**	1,10,15,520	34,07,227	1,30,19,714	1,37,55,233	5,88,02,306	10,00,00,000
	Praca ogółem	1,44,24,04,763	44,62,14,418	1,70,50,81,161	1,80,14,05,781	7,70,20,83,998	13,09,71,90,120
C	**INNE OPŁATY BEZPOŚREDNIE**						
i)	Rezerwa na opłaty konsultacyjne za prace nadzoru **(PMC)** (2,5% I-Works)	3,60,60,119	1,11,55,360	4,26,27,029	4,50,35,145	19,25,52,100	32,74,29,753
	Łączne opłaty bezpośrednie	3,60,60,119	1,11,55,360	4,26,27,029	4,50,35,145	19,25,52,100	32,74,29,753
D	**Koszt mikro nawadniania dla 10 % powierzchni (tj. 6063 Ha) @ 50000 Rs/Ha**						30,00,00,000
	Koszt całkowity	1,47,84,64,882	45,73,69,778	1,74,77,08,190	1,84,64,40,925	7,89,46,36,098	13,72,46,19,873
	CGST @6%	8,87,07,893	2,74,42,187	10,48,62,491	11,07,86,456	47,36,78,166	82,34,77,192
	SGST @6%	8,87,07,893	2,74,42,187	10,48,62,491	11,07,86,456	47,36,78,166	82,34,77,192
	Całkowity koszt programu (w Lakhs)	**16,559**	**5,123**	**19,574**	**20,680**	**88,420**	**1,53,716**
	Koszt za hektar nawadniania bez GST (w Lakhs/Ha)	**3.984**	**1.972**	**1.726**	**1.691**	**2.262**	**2.166**

14. PODSUMOWANIE

Teraz, w Indiach, nadszedł najwyższy czas na promocję i aktywny udział w postępowych technologiach irygacyjnych, zwłaszcza w technologii sieci nawadniania za pomocą rur ciśnieniowych, współpracy z rządem centralnym i różnymi rządami stanowymi w celu udostępnienia wody ostatniemu rolnikowi po najniższych kosztach i w możliwie najszybszy sposób. W celu zmaksymalizowania efektywności wykorzystania wody, szybkiego wdrożenia sub-małoletnich w zgodzie z harmonogramem realizacji tych trwających prac, musimy położyć duży nacisk na technologię UGPL i muszą współpracować z rządami państw bardzo ściśle w przełączaniu się do Piped Irrigation Network zawierające różne rodzaje mechanizmów nawadniania życia, a także przyjęcie technologii UGPL z systemu kanałów. System staje się popularny i chłonny wśród rolników, ponieważ jest zakopany pod ziemią i nie wymaga żadnego terenu do budowy, jak w przypadku systemu kanałów otwartych. Bez problemów z pozyskiwaniem gruntów i opóźnień, system może być budowany stosunkowo szybko, a tym samym radykalnie obniży koszty projektu i harmonogram realizacji.

++++

VII. DOKUMENT TECHNICZNY DOTYCZĄCY MOŻLIWOŚCI WYKORZYSTANIA OCZYSZCZONEJ WODY Z OCZYSZCZALNI ŚCIEKÓW DO NAWADNIANIA Z ODPOWIEDNIM SYSTEMEM TRANSPORTOWYM

Autor:

Sabarna Roy
Senior Vice President (Business Development),
Electrosteel Castings Limited,
G. K. Tower, 19, Camac Street,
Kolkata - 700017.
Email: sabarnaroy@electrosteel.com
Telefon ręczny nr +91 9830066086, +91 9836806086

ABSTRACT:

Autorka, Sabarna Roy, jako starszy specjalista ds. inżynierii od bliskiego współpracowała przy opracowywaniu sprawozdania z wykonalności dotyczącego wykorzystania oczyszczonej wody z 6 oczyszczalni ścieków, a mianowicie Beur, Karmalichak, Pahadi, Kankarbagh, Saidpur i Digha oraz wykorzystania oczyszczonej wody do celów irygacyjnych z odpowiednim systemem transportu. Ten wykonalność sprawozdanie przygotowywać Samarth Infra Tech Usługi Prywatny Ograniczony, na mandat dawać the Zasobów Wodnych Dział Bihar utylizować oczyszczony woda od the proponować 6 Oczyszczalnia Ścieków dla Patna Miasto, budować the Miejski Rozwój Dział dla irygacja cel.

Samarth Infra Tech Services Private Limited wraz z wyższymi urzędnikami BUIDCO przeprowadził rzeczywistą wizytę na miejscu w celu szczegółowego zbadania oczyszczalni ścieków i ich punktów sprzedaży. Odwiedzili oni również wspólnie z oficerami terenowymi ds. irygacji, aby poznać szczegóły dotyczące istniejącej sieci irygacyjnej, a także z lokalnymi przedstawicielami społeczeństwa, aby sfinalizować obszar dowodzenia projektem irygacyjnym.

Na ich podstawie przeprowadzono szczegółowe badanie, zidentyfikowano lokalizacje źródeł i zakończono wstępne wyrównywanie sieci przesyłowych w celu zebrania oczyszczonej wody i przekazania jej do wymaganych lokalizacji. Osiągnięto to po przestudiowaniu ostatniego planu zagospodarowania przestrzennego miasta Patna i przeprowadzeniu badań mających na celu szczegółowe zrozumienie wzorca zagospodarowania przestrzennego.

Dokument techniczny będzie zawierał wszystkie badania przeprowadzone w tym zakresie, w tym przeanalizowane i ocenione opcje, zanim zostaną wyciągnięte ostateczne wnioski.

1. WPROWADZENIE

1.1 OGÓLNE

Patna być Stołeczny Miasto Bihar Stan, India. Patna ma 1 015 km (631 mil) na wschód od Delhi, 1 802 km (120 mil) na północny wschód od Bombaju i 556 km (345 mil) na północny zachód od Kołkuty. Patna łączyć the Kolkata, Delhi i wszystkie the Major miasto India pociąg, droga i powietrze.

1.2 LOKALIZACJA

Patna lokalizować na the południowy bank the rzeczny Ganga w Wschodni India. Dokładne współrzędne kartograficzne Patny wynoszą 25,6°N 85,1°E. Całkowita powierzchnia Patny wynosi 136 km2 (53 mile kwadratowe). Z tego powierzchnia gminy wynosi 99 km2 (38 mil kwadratowych), a obszar podmiejski 36 km2 (14 mil kwadratowych). Ma średnią wysokość 53 m (174 ft).

1.3 KLIMAT

Patna ma Humilesd subtropikalny klimat z niezwykle gorącym latem od końca marca do początku czerwca, sezon monsunowy od końca czerwca do końca września i chłodne zimowe noce i mgliste lub słoneczne dni od listopada do lutego. Najwyższa temperatura w historii wynosiła 46,6°C (115,9°F), w 1966 roku najniższa w historii wynosiła 1,1°C (34°F), 9 stycznia 2013 roku, a najwyższe opady wyniosły 204,5 mm (8,05 in), w 1997 roku.

1.4 DEMOGRAFIA

Według danych spisu powszechnego z 2011 roku, miasto Patna liczyło 1 683 200 mieszkańców (przed rozszerzeniem miasta bez ograniczeń) w ramach korporacji bez ograniczeń, z 894 158 mężczyzn i 789 042 kobiet. Był to wzrost o 22,2% w porównaniu z danymi z 2001 roku. Ogólny wskaźnik alfabetyzacji wynosi 83,37%. Aglomeracja miejska liczyła 2 046 652 mieszkańców, z czego 1 087 864 to mężczyźni, a 958 788 to kobiety z 82,73% alfabetyzmem.

Hindi być the oficjalny język the stan Bihar ale wiele inny język mówić zbyt. Angielski jest powszechnie używany przez Patnaitów, a inne powszechnie używane dialekty i języki obejmują Bhojpuri, Maithili, Bengali, Urdu i Oriya.

1.5 PLAN GENERALNY PATNY

W Październik 2016, Bihar gabinet zatwierdzać the Patna mistrzowski plan 2031. Patna mistrz 2031 być the drugi mistrzowski plan miasto che przechodzić kiedykolwiek, po the ostatni plan zatwierdzać dla 1961-1981. Główny plan Patny obejmuje sześć miejskich organów lokalnych - Patna Municipal Corporation, Danapur Nagar Parishad, Phulwarisharif Nagar Parishad,
Khagaul Nagar Parishad, Maner Nagar Panchayat i Fatuha Nagar Panchayat. 5 satelitarny miasto także proponować w the główny plan przy Bihta, Naubatpur, Punpun, Fatuha i Khusrupur.

Patna od dawna jest głównym ośrodkiem rolniczym i centrum handlu. Jego najbardziej aktywni eksporterzy to ziarno, trzcina cukrowa, sezam i średnioziarnisty ryż Patna. Jest kilka cukrowni w Patnie i wokół niej. Jest to ważne centrum biznesowe i luksusowe centrum marek wschodnich Indii.

Patna być the 21 najszybszy wzrost miasto w the świat, i the piąty najszybszy wzrost miasto w India, i oczekiwać przy średni roczny tempo 3.72%.

2. <u>POTRZEBA PROJEKTU</u>

2.1 OGÓLNE

Proponuje się, aby ścieki powstające w mieście Patna były oczyszczane w sześciu Oczyszczalniach Ścieków. Początkowo zaproponowano odprowadzenie tej oczyszczonej wody do Badshahi nalla, która kończy się w rzece Punpun, która z kolei spotyka się z rzeką Ganga. Ten zagadnienie poważnie przeglądać i Ono proponować the Rząd Bihar nie pozwalać ten STP woda w nad kanał ale ten leczyć ten leczyć woda dla irygacja Cel.

2.2 OBECNY STATUS

Istnieją już oczyszczalnie ścieków w Beur, Saidpur, Pahadi i Kankarbagh oraz Karmalichak. Oczyszczona woda z tych oczyszczalni jest obecnie odprowadzana do naturalnego nalla, który kończy się w rzece Punpun, która łączy się z rzeką Ganga. Również efektywność przetwarzania istniejących STP nie mieści się w ramach dopuszczalnej normy. Dlatego BUIDCO zaproponowało budowę nowych oczyszczalni ścieków z najnowszą technologią SBR w celu podniesienia standardów odpływu oczyszczonej wody.

2.3 ZAPOTRZEBOWANIE NA PROJEKT

Oczyszczona woda z tych wszystkich sześciu STP to około 370 MLD. Ta ogromna ilość wody ma wysoką jakość, która może być wykorzystana w rolnictwie. Ta oczyszczona woda została pierwotnie zaproponowana do zrzutu do naturalnej nalli, która spotyka się z rzeką Punpun, a z kolei spotyka się ze świętą rzeką Gangą.

Govt Bihar słusznie utożsamiać the potencjał ten jakość woda dla irygacja i proponować the DPR, che zaciągać the szczegół ziemia z różnorodny technicznie wykonalny alternatywa.

3. BADANIE TERENU I GROMADZENIE DANYCH

3.1 OGÓLNE

Musimy zebrać dane i szczegóły dotyczące proponowanych STP sześciu lokalizacji: Beur, Karmalichak, Saidpur, Pahari, Kankarbagh i Digha.
Oczyszczona woda z tych STP ma być odprowadzana do potencjalnego terenu irygacyjnego. Identyfikacja tego terenu jest również zakresem prac.

3.2 GROMADZENIE DANYCH

3.3 Oczyszczalnie ścieków: Zebraliśmy szczegółowe dane dotyczące następujących STP

Sr. Nie	Lokalizacja	Wydajność w MLD	Status
1	Beur	63	Budowa w toku
2	Karmalichak	37	Budowa w toku
3	Saidpur	60	Budowa w toku
4	Pahari	60	Budowa w toku
5	Kankarbagh	50	Budowa w toku
6	Digha	100	Budowa w toku

Całkowita dostępność wody wynosi około 370 MLD.

Tabela 3.1: Jakość ścieków oczyszczonych z STP Woda

Sr. Nie	Parametr	Jednostka	Wyjście Jakość wodyParametr woda z STP	Wymagania dotyczące jakości wody Do nawadniania Cel
1	pH		6.5 - 9.0	6.5 - 8.5
2	BZT w temperaturze 20 °C	mg/l	< 20	5 lub więcej

3.4 ZIEMIA PRZEZNACZONA DO NAWADNIANIA

Zbadaliśmy teren, który ma być nawadniany. Mamy na to różne możliwości. Zebraliśmy dane dotyczące istniejącego systemu irygacyjnego. Zebraliśmy również dane dotyczące deficytu w zakresie absolutorium w tym systemie.
Przestudiowaliśmy plan zagospodarowania przestrzennego Patny dla przyszłego wzoru zagospodarowania przestrzennego. Na podstawie tych map zidentyfikowaliśmy potencjalny teren do odprowadzania tej oczyszczonej wody do celów irygacyjnych.

3.5 OBSZAR PROJEKTU: - BEUR, KARAMALICHAK, SAIDPUR, KANKARBAGH & PAHARI STPS

Ono decydować Irrigation Dział, Bihar szczegółowy projekt sprawozdanie the leczniczy woda od sześć STPs. Ono proponować woda the irygacyjny teren między Rzeka Punpun i the mieszkalny teren Patna. W ten **sposób obszar rolniczy znajdujący się między rzeką Punpun a miastem Patna, jak również wyrównanie linii wodnych z oczyszczalni ścieków do sieci dystrybucyjnej aż do proponowanych terenów irygacyjnych, będzie** traktowany jako obszar objęty projektem.

3.6 OBSZAR PROJEKTU: - DIGHA STP

Zostało postanowione przez Wydział Nawadniania, Bihar, aby przygotować szczegółowy raport z projektu wykorzystania oczyszczonej wody z Digha STP. Ze względu na niedobór wody w Rewa i Maner Distributary zaproponowano dostarczenie wody do obszaru nawadniania pomiędzy Rewa i Maner Distributary kanału głównego Patna. W ten **sposób obszar rolniczy znajdujący się pomiędzy siecią dystrybucyjną Rewa i Maner, jak również połączenie linii wodnych z oczyszczalni ścieków do sieci dystrybucyjnej aż do proponowanych terenów irygacyjnych, będzie** traktowany jako obszar objęty projektem.

Tabela 3.2 CCA z STP

Sr. Nie.	Nazwa STP	CCA Ha	Rodzaj polecenia
1	Beur	1549	Istniejący deficytowy obszar dowodzenia Kurkuri & Fatepur Distributary
2	Karmalichak	930	Nowy obszar dowodzenia
3	Saidpur, Pahari, Kankarbagh	4277	Nowy obszar dowodzenia
4	Digha	2695	Istniejący deficytowy obszar dowodzenia Maner i Rewa Distributary
	Razem	**9451**	

4. PROPONOWANY PROJEKT

4.1 Z BEUR STP

PPK Beur będzie odprowadzał 63 MLD wody w proponowanej oczyszczalni ścieków zlokalizowanej w pobliżu proponowanego PPK. Proponuje się pompowanie tej wody przez HDPE & DI Rising main za pomocą pomp odśrodkowych o mocy 300 HP (3W+2S)=5 numerów o wydajności wylotowej 875000 LPH i pracujących na głowicy 56 m. Wznosząca się magistrala pompuje wodę do komór rozdzielczych cztery razy i jedno bezpośrednie wyjście w rozdzielnicy Fatepur. Od STP do komory rozdzielczej jest rura ciśnieniowa, a od komory rozdzielczej do obszaru sterowania aplikacją wodną jest grawitacyjny przepływ wody przez sieć wodociągową.

Jak wspomniano powyżej, zaproponowaliśmy budowę czterech komór dystrybucyjnych w proponowanym obszarze dowodzenia. DC są przeznaczone do zatrzymania na 30 sekund. Pojemności prądów stałych są przedstawione w **tabeli 4.1** poniżej:

Sr. Nie	Izba dystrybucyjna nr	Zdolność produkcyjna
1	DC-1	2400 litrów
2	DC-2	5100 zapalony
3	DC-3	7700 zapalony
4	DC-4	11000 zapalony

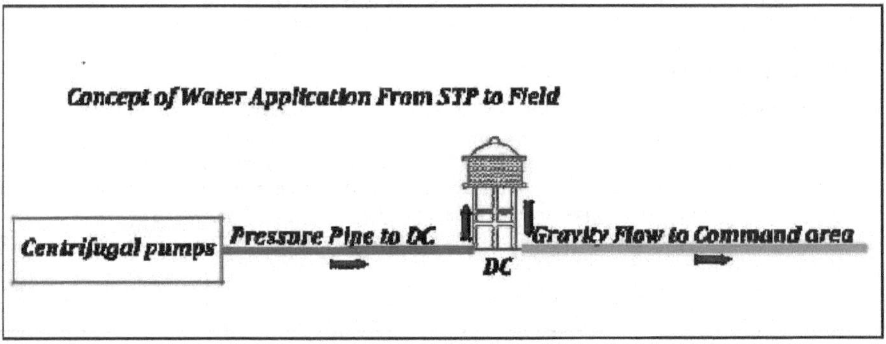

Z tych czterech DC proponuje się doprowadzenie wody do obszaru dowodzenia. Opracowany obszar dowodzenia z Beur STP opuszcza obszar dowodzenia dystrybucji Kurkuri & Fatepur z niedoborem wody. Obszar dowodzenia z Beur STP podany w **tabeli 4.2** jak poniżej:

Sr. Nie	Sezon	G.C.A. (Ha)	C.C.A. (Ha)	Potencjał irygacyjny (Ha)
1	Kharif			1268
2	Rabi	**2214**	**1549**	1549
3	Lato			789
	Razem	**2214**	**1549**	**3606**

Tabela 4.3: Wykaz wiosek będących beneficjentami w ramach proponowanego programu STP "Beur".

Sr. Nie	Nazwa wioski	Panchayat Nazwa	Nazwa bloku	CCA Ha.
1	Kurkuri	Kurkuri	Phulwari Sharif	170
2	Ismileslepur Dhibara	Phulwari Sharif	Phulwari Sharif	80
3	Hinduni	Nohasa	Phulwari Sharif	161
4	Nohasa	Nohasa	Phulwari Sharif	30
5	Nawada	Nohasa	Phulwari Sharif	38
6	Bhusala Danapur	Nohasa	Phulwari Sharif	68
7	Janipur	Shorampur	Phulwari Sharif	34
8	Jakubpur Nagwan	Kurkuri	Phulwari Sharif	105
9	Alam Gonpura	Gonpura	Phulwari Sharif	360
10	Murgia Czak	Phulwari Sharif	Phulwari Sharif	503
			Razem	1549

Tabela 4.4: Szerokość i długość geograficzna Beur STP

	Szerokość geograficzna	Długość geograficzna
Beur STP	25°34'29.02"N	85° 5'48.11"E
DC-1	25°33'0.58"N	85° 4'36.15"E
DC-2	25°32'50.06"N	85° 3'43.27"E
DC-3	25°32'32.56"N	85° 2'56.00"E
DC-4	25°32'34.80"N	85° 1'44.87"E

4.2 OD KARAMAŁICZAKA STP

PPK Karmalichak będzie odprowadzał 37 MLD wody w proponowanej oczyszczalni ścieków znajdującej się w pobliżu proponowanego PPK. Proponuje się pompowanie tej wody za pomocą pomp o mocy 235 HP (2W+1S) = 3 nr głowicy. Wznosząca się magistrala pompuje wodę do komór rozdzielczych w trzech liczbach. komora rozdzielcza jest rurą ciśnieniową, a komora rozdzielcza do obszaru sterowania zastosowaniem wody jest grawitacyjnym przepływem wody przez sieć rur.

Jak wspomniano powyżej, zaproponowaliśmy budowę trzech komór dystrybucyjnych w proponowanym obszarze dowodzenia. DC są przeznaczone do zatrzymania na 30 sekund. Pojemności prądów stałych podano w **tabeli 4.5:**

Sr. Nie	Izba dystrybucyjna nr	Zdolność produkcyjna
1	DC-1	2400 litrów
2	DC-2	12000 zapalony
3	DC-3	13000 zapalony

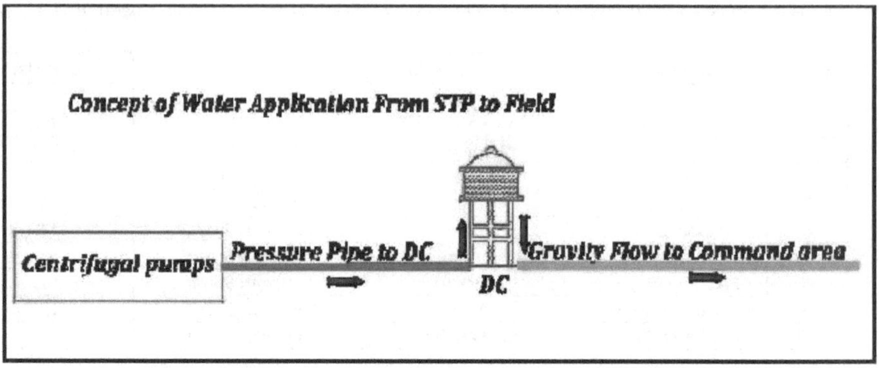

Z tych trzech DC proponuje się doprowadzenie wody do obszaru dowodzenia. Opracowany obszar dowodzenia z Karmalichak STP zupełnie nowy obszar dowodzenia. Nowy obszar poleceń na cały rok został zestawiony tabelarycznie w **tabeli 4.6** poniżej

Sr. Nie	Sezon	G.C.A. (Ha)	C.C.A. (Ha)	Potencjał irygacyjny (Ha)
1	Kharif			742
2	Rabi	**1329**	**930**	930
3	Lato			406
	Razem	**1329**	**930**	**2078**

Tabela 4.7: Lista wiosek-beneficjentów w ramach proponowanego programu STP Karmalichak

Sr. Nie	Nazwa wioski	Panchayat Nazwa	Blok	CCA Ha.
1	Khaspur	Gonawan	Naubatpur	48
2	Sadullahpur	Gonawan	Naubatpur	31
3	Hirandpur	Sonwapur	Patana Sadar	53
4	Sonawan	Sonwapur	Patana Sadar	67
5	Gauharpur	Mahuli	Patana Sadar	67
6	Mahuli	Mahuli	Patana Sadar	36
7	Milesrazpur	Milesrazpur	Patana Sadar	26
8	Simli Mararpur	Milesrazpur	Patana Sadar	64
9	Moujipur	Patharahat	Patana Sadar	76
10	Muhammadpur Barantpur	Sonwapur	Patana Sadar	46
11	Chhitman	Chhitman	Patana Sadar	50
12	Gyan chack	Gyan chack	Patana Sadar	6
13	Daulalpura	Daulalpura	Fatuha	3
14	Garho chack	Garho chack	Fatuha	25
15	Khizipur	Khizipur	Fatuha	20
16	Bikarmpur	Maujipur	Fatuha	13
17	Bikarmpur aima	Maujipur	Fatuha	48
18	Murajpur	Maujipur	Fatuha	39
19	Jethuli	Jelhali	Fatuha	78
20	Punadh	Punadh	Patana Sadar	48

21	Milesr Chak Kothia	Maujipur	Fatuha	10
22	Milesrchi Bhawani	Maujipur	Fatuha	20
23	Kutubpur	Maujipur	Fatuha	38
24	Daulatpur	Maujipur	Fatuha	19
			Razem	**930**

Tabela 4.8: Szerokość i długość geograficzna Karmalichak STP

	Szerokość geograficzna	**Długość geograficzna**
KARMALICHAK STP	25°34'23.67"N	85°13'54.54"E
DC-1	25°33'39.91"N	85°13'47.96"E
DC-2	25°32'26.46"N	85°14'28.71"E
DC-3	25°32'23.50"N	85°15'25.44"E

4.3. Z SAIDAPUR, KANKARBAGH I PAHARI STP

W proponowanej oczyszczalni ścieków Saidapur odprowadzi 50 MLD wody w proponowanej oczyszczalni ścieków zlokalizowanej w pobliżu oczyszczalni ścieków. Proponuje się pompowanie tej wody za pomocą pompy odśrodkowej o mocy 150 KM (2W+1S) = 3 nr o wydajności tłoczenia 1250000 LPH i pracującej na wysokości 19 m do zaproponowanego w Pahari STP zbiornika.

Pahari i PPK Kankarbagh odprowadzą po 60 MLD wody w proponowanej oczyszczalni ścieków znajdującej się w pobliżu proponowanego PPK, czyli PPK Pahari.

Proponuje się pompowanie tej wody magistralą wznoszącą DI przez pompy odśrodkowe o mocy 400HP (8W+4S) = 12 numerów o wydajności tłoczenia 885417 LPH i pracujące na wysokości 74 m głowicy do dwunastu komór rozdzielczych proponowanych do usytuowania w innej części obszaru dowodzenia. Od STP do komory rozdzielczej jest rura ciśnieniowa, a od komory rozdzielczej do obszaru sterowania aplikacją wodną jest grawitacyjny przepływ wody przez sieć wodociągową.

Jak wspomniano powyżej, zaproponowaliśmy budowę dwunastu komór dystrybucyjnych w proponowanym obszarze dowodzenia. DC są przeznaczone do zatrzymania na 30 sekund. Pojemności prądów stałych podano w **tabeli 4.9:**

Sr. Nie	**Izba dystrybucyjna nr**	**Proponowana wydajność (lita)**
1	DC-1	13000
2	DC-2	8800
3	DC-3	22000
4	DC-4	24000
5	DC-5	7200
6	DC-6	5100
7	DC-7	3700
8	DC-8	4100
9	DC-9	4100
10	DC-10	2000
11	DC-11	8600
12	DC-12	3500

Tabela 4.10: Wykaz wiosek-beneficjentów w ramach proponowanego programu Saidapur, Kankarbagh i Pahari STP

Sr. Nie	Nazwa wioski	Panchayat Nazwa	Nazwa bloku	CCA Ha.
1	Mahuli	Mahuli	Patana Sadar	198
2	Fatehpur	Fatehpur	Patana Sadar	420
3	Milesrcha	Milesrchi	Patana Sadar	100
4	Milesrchi	Milesrchi	Patana Sadar	144
5	Karanpura	Baira Karanpura	Sampat Chak	42
6	Milesrchi Bhawanian	Milesrchi	Patana Sadar	43
7	Manoharpur Kachhuara	Kanauji Kachhuara	Sampat Chak	48
8	Abdullah Chak	Sona Gopalpur	Sampat Chak	35
9	Bairia	Baira Karanpura	Sampat Chak	340
10	Gopalpur	Chirora	Naubatpur	224
11	Bahuwara	Chipura	Sampat Chak	21
12	Sohagi	Sohagi	Sampat Chak	230
13	Rupspur	Satparsa	Sampat Chak	84
14	Jujharpur	Lanka Kachhuara	Sampat Chak	203
15	Kandap	Kandap Taranpur	Sampat Chak	490
16	Kamarji	Lanka Kachhuara	Sampat Chak	82
17	Gauri Chak	Lanka Kachhuara	Sampat Chak	26
18	Koli	Lanka Kachhuara	Sampat Chak	61
19	Alabakshpur	Lanka Kachhuara	Sampat Chak	120
20	Lanka Kachhuara	Lanka Kachhuara	Sampat Chak	29
21	Bhogipur	Bhelwara Dariyapur	Sampat Chak	28
22	Chakpul	Bhelwara Dariyapur	Sampat Chak	25
23	czak Kanta	Kanauji Kachhuara	Sampat Chak	47
24	Bhelaura	Kanauji Kachhuara	Sampat Chak	88
25	Chainpura	Kanauji Kachhuara	Sampat Chak	14
26	Udaini	Kanauji Kachhuara	Sampat Chak	93
27	Chipra	Chipura	Sampat Chak	170
28	Baruna	Chipura	Sampat Chak	21
29	Bahuwara	Chipura	Sampat Chak	170
30	Taranpur	Kandap Taranpur	Sampat Chak	150
31	Mokimpur	Kandap Taranpur	Sampat Chak	44
32	Suitha	Suitha	Phulwari Sharif	30
33	Mahuli	Mahuli	Phulwari Sharif	129
34	Simra	Suitha	Phulwari Sharif	10
35	Parsa	Parsa	Phulwari Sharif	39
36	Chhatna	Parsa	Phulwari Sharif	170
37	Mohiuddinpur	Mohiuddinpur	Fatuha	26
38	Chak Khaprail	Parsa	Phulwari Sharif	9
39	Kurthaur	Kurthaur	Phulwari Sharif	9
40	Rahimpur	Rahimpur Rupas	Phulwari Sharif	65
			Razem	**4277**

Tabela 4.11: Szerokość i długość geograficzna STP

	Szerokość geograficzna	Długość geograficzna
SAIDAPUR STP	25°36'40.54"N	85° 9'57.35"E
PAHADI I KANKARBAGH STP	25°34'46.42"N	85°11'40.61"E
DC-1	25°31'23.32"N	85° 7'55.77"E
DC-2	25°31'34.78"N	85° 8'38.56"E
DC-3	25°31'56.59"N	85° 9'30.78"E
DC-4	25°31'58.70"N	85° 9'56.74"E
DC-5	25°31'36.16"N	85°12'1.42"E
DC-6	25°32'55.58"N	85°11'26.07"E
DC-7	25°32'53.67"N	85°12'14.71"E
DC-8	25°33'0.44"N	85°12'55.99"E
DC-9	25°32'25.90"N	85° 9'53.93"E
DC-10	25°32'22.44"N	85° 9'15.20"E
DC-11	25°32'22.45"N	85° 8'38.43"E
DC-12	25°33'32.46"N	85° 9'4.68"E

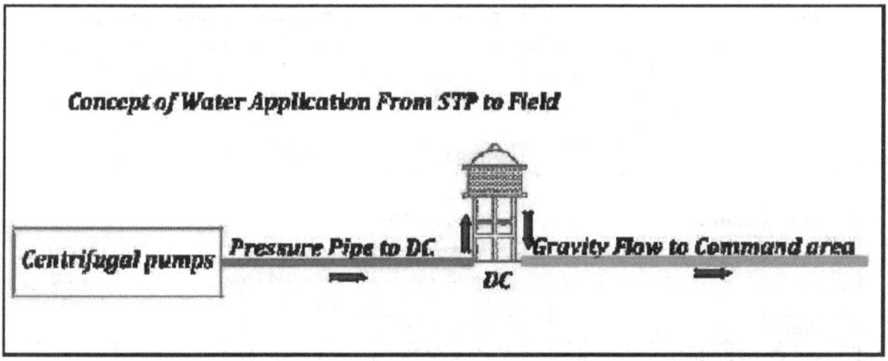

4.4 Z DIGHA STP

W proponowanej oczyszczalni ścieków Digha STP zostanie odprowadzone 100 MLD wody w proponowanej oczyszczalni ścieków i pijalni znajdującej się w jej pobliżu. Proponuje się pompowanie tej wody za pomocą pompy odśrodkowej DI Rising Main o mocy 375 HP (9W+5S) = 14 numerów o wydajności 462963 LPH i pracującej na wysokości 132 m. Wznosząca się magistrala powinna pompować wodę i wlot do istniejącej rozdzielnicy Rewa & Maner systemu dowodzenia Sone canal. Z wlotowego przepływu wody w istniejącym systemie kanałów.

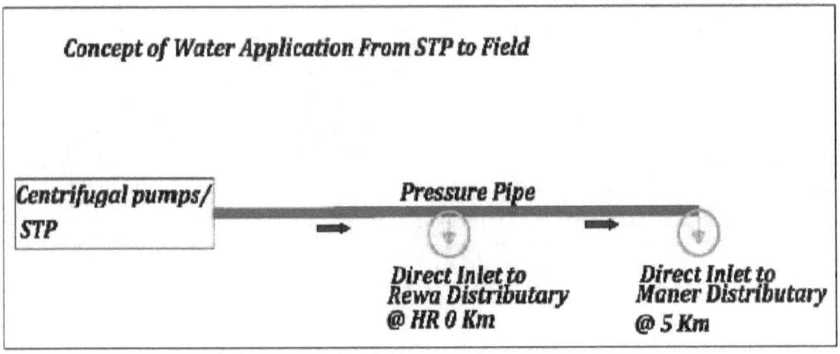

Z tych STP proponuje się doprowadzenie wody do obszaru dowodzenia. Opracowany obszar dowodzenia Digha STP opuszcza obszar dowodzenia Maner i Rewa w dystrybucji Maner i Rewa, gdzie występują niedobory wody. Obszar dowodzenia z Digha STP w **tabeli 4.12** poniżej:

Sr. Nie	Sezon	G.C.A. (Ha)	C.C.A. (Ha)	Potencjał irygacyjny (Ha)
1	Kharif			1980
2	Rabi	**3849**	**2695**	2695
3	Lato			1318
	Razem	**3849**	**2695**	**5993**

Tabela 4.13 Szerokość i długość geograficzna Digha STP

	Szerokość geograficzna	Długość geograficzna	Wyładowanie (Cusecs)
Digha	25°38'50.62"N	85° 6'20.46"E	40.84
Wlot do dystrybutora Rewa	25°26'18.87"N	84°51'45.65"E	10
Wlot do dystrybutora Manera	25°25'18.81"N	84°47'29.92"E	30.84

Tabela 4.14 Lista miejscowości-beneficjentów w ramach proponowanego programu STP Digha

Sr. Nie.	Nazwa wioski
1	Hiramanpur
2	Tarvan
3	Sikaria
4	Ramtari
5	Milesthapur
6	Akhtiyapur
7	Bambhanlai
8	Chaipura
9	Tanrwan
10	Gaura
11	Jagdishpur
12	Narayanpur
13	Gorakhri
14	Bazidpur
15	Dadupur

16	Hathsar
17	Wazirpur
18	Nagahra
19	Gobindpur

Tabela 4.15 Długość sieci przewodów rurowych

Sr. Nie.	Wznosząca się główna rura Długość (m) HDPE					Długość rury rozdzielczej (m) HDPE				Długość całkowita
	Średnica rury (mm)	**Saidapur, Pahadi i Kankarbagh**	**Karmalichak**	**Beur**	**Digha**	**Saidapur, Pahadi i Kankarbagh**	**Karmaliczak**	**Beur**	**Digha**	
1	63					7948	1719	7185		16852
2	75					24759	2449	4840		32048
3	90					35450	3619	6266		45335
4	110					46764	9318	8813		64895
5	140					44219	7433	6867		58519
6	160					18206	6886	5580		30672
7	180					12830	3675	2943		19448
8	200					10515	2341	3704		16560
9	225					8305	2121	4009		14435
10	250					5224	793	3581		9598
11	280					5914	567	2751		9232
12	315			30		5255	2846	3462		11563
Razem		**0**	**0**	**30**	**0**	**225389**	**43767**	**60001**	**0**	**329157**
	Łączna długość rury dla rosnącego HDPE =			**30**	**m**	**Łączna długość rury dystrybucyjnej HDPE =**			**329157**	**m**
	Wznoszenie się Długość rury głównej (m) DI					**Długość rury rozdzielczej (m) DI**				
	Średnica rury (mm)	Saidapur, Pahadi i Kankar bagh	Karmalichak	Beur	Digha	Saidapur, Pahadi i Kankar bagh	Karmaliczak	Beur	Digha	
13	300	30								30
14	350					7425	2545	1506		11476
15	400	3845		30		6020	2052	1324		13271
16	450	1215				4602	1837	854		8508
17	500	30		3858		6472	1340	899		12599
18	600	6683		30		2486	1334	669		11202
19	700	2499				3392				5891
20	750		6341	2015						8356
21	800	1325				1955				3280
22	900	9677		6836	45910	2860				65283
23	1200	8128								8128
	Razem	**33432**	**6341**	**1276 9**	**45910**	**35212**	**9108**	**5252**	**0**	**477211**
	Łączna ilość rur do wznoszenia DI =			**98452**	**m**	**Łączna ilość rur do dystrybucji DI =**			**49572**	
	Łącznie Rura do wznoszenia się (HDPE + DI) =			**98482**	**m**	**Łączna ilość rur do dystrybucji (HDPE + DI) =**			**378729**	

Łączny wzrost i dystrybucja sieci rur (HDPE + DI) =	477211	m (477.211 Km)

Tabela 4.16: Szacunkowy koszt uprawy różnych roślin uprawnych, Patna.

Rok : 2018-19													Jednostka - Rs / hektar
Sl. Nie.	Rośliny uprawne	Przygotowania terenu	Koszt materiału siewnego	Szkółka sadzonek /Siew	Przeszczepianie	Kultywowanie	Obornik i nawóz	Ochrona roślin	Irygacja	Zbieranie plonów	Threshing	Misc.	Razem
1	2	3	4	5	6	7	8	9	10	11	12	13	14
1	Paddy	6,400	1,400	1,801	4,880	6,100	5,684	500	8,222	4,880	3,376	1,500	**44,743**
	Paddy SRI	6,400	200	2,609	9,760	3,660	5,506	500	6,166	4,880	3,376	1,500	**44,557**
2	Pszenica	2,800	3,000		4,264	1,952	7,684	3,264	10,278	4,880	3,376	2,000	**43,498**
	Pszenica Uprawa zerowa	976	1,200		2,138	488	7,506	3,400	10,277	4,880	3,376	2,000	**36,241**
3	Kukurydza	2,800	2,600		4,880	2,440	6,172	4,248	7,630	3,660	4,220	1,500	**40,150**
4	Arhar	5,600	2,200		488	4,880	3,250	3,548		3,660	3,660	1,200	**28,486**
5	Moong	5,600	2,400		488	2,440	3,250	3,472		4,880	4,880	1,200	**28,610**
6	Lentil	5,600	3,200		488	4,880	3,250	2,824		4,880	4,880	1,200	**31,202**
7	Urad	5,600	2,000		488	3,660	3,494	2,483		3,660	3,660	1,200	**26,245**
8	Gram	2,800	10,000		488	4,880	2,588	2,824	1,575	3,660	3,660	1,000	**33,475**

5. PODSUMOWANIE

Rząd Unii podkreślił, że oczyszczone ścieki z oczyszczalni ścieków wybudowanych w ramach Krajowego Planu Ochrony Rzeki są ponownie wykorzystywane w rolnictwie, przemyśle i innych celach, tam gdzie to możliwe. Jako takie, studium przypadku wykorzystania wody oczyszczonej z 6 oczyszczalni ścieków do celów irygacyjnych z odpowiednim systemem transportu wchodzi w ramy ogólnej polityki ochrony wód, podejścia i filozofii rządu Unii. Ten rodzaj projektów musi być opracowany, sfinansowany i wdrożony w całych Indiach w ramach ogólnej misji Ministerstwa Jal Shakti, rządu Indii.

++++

VIII. DOKUMENT TECHNICZNY W SPRAWIE METODYKI UDZIELANIA ZAMÓWIEŃ ZGODNIE Z UMOWĄ RAMOWĄ, STOSOWANY W UNII EUROPEJSKIEJ, W KTÓRYM PODEJMUJE SIĘ DECYZJE O SKŁADANIU OFERT NIE NA PODSTAWIE NAJNIŻSZEJ CENY, LECZ NA PODSTAWIE OFERTY NAJKORZYSTNIEJSZEJ EKONOMICZNIE, BIORĄC POD UWAGĘ KALKULACJĘ KOSZTÓW CYKLU ŻYCIA.

Autor:

Sabarna Roy
Senior Vice President (Business Development)
Grupa Electrosteel
Email: sabarnaroy@electrosteel.com
Numery telefonów komórkowych: +91

Współtwórca:

Basanta Bera
Senior Executive (Business Development)
Grupa Electrosteel
Email: basanta.bera@electrosteel.com
Numer Telefonu Ręcznego: +91

1. WPROWADZENIE

Umowa ramowa (FA) oznacza umowę z jednym lub wieloma wykonawcami na dostawy towarów, robót budowlanych i usług, której celem jest określenie warunków regulujących udzielanie zamówień przez jedną lub kilka instytucji zamawiających (CA) w danym okresie, w szczególności w odniesieniu do ceny maksymalnej, minimalnych specyfikacji technicznych oraz, w stosownych przypadkach, przewidywanych ilości.

FA różni się od konwencjonalnego kontraktu. Jest to umowa ramowa dotycząca przyszłej dostawy towarów i usług i w odróżnieniu od indywidualnych umów zawieranych w ramach takich umów, sama nie zamawia rzeczywistych towarów i usług. Przy zawieraniu umowy ramowej ilości i terminy dostaw są zazwyczaj opisane w sposób ogólny lub (w szczególności w przypadku ilości) pozostają otwarte.

2. TRZECH GŁÓWNYCH GRACZY FA

i. Instytucje zamawiające (CA), które tworzą stronę popytową. Można je również uznać, a w wielu przypadkach określa się mianem "Klientów".
ii. Podmioty gospodarcze (ERPO), które tworzą stronę podaży, zwane również "dostawcami".
iii. Centralna Jednostka Zakupowa (CPB), "CPB jest odpowiedzialna za dokonywanie zakupów, zarządzanie dynamicznymi systemami zakupów lub udzielanie zamówień publicznych/umów ramowych dla innych instytucji zamawiających, z wynagrodzeniem lub bez".

3. Cztery RODZAJE FAKTÓW FAKTÓW

i. FA z ustalonymi warunkami, z jednym dostawcą

CPB zawiera umowę z jednym dostawcą na okres do czterech lat. Umowa call off na podstawie FA jest zawierana bezpośrednio przez CA na warunkach określonych w FA, bez żadnych zmian.

ii. **FA bez stałych warunków, z jednym dostawcą**

CPB zawiera umowę z jednym dostawcą na okres do czterech lat. Umowa call off jest zawierana na podstawie pisemnej prośby CA wysłanej do dostawcy z prośbą o przesłanie nowej oferty. Pisemny wniosek może zawierać, oprócz pierwotnych warunków, dokładnie określone warunki oraz inne drobne zmiany w warunkach FA. Po otrzymaniu nowej oferty CA i dostawca zawrą umowę. Istotne warunki FA nie mogą ulec zmianie na etapie składania pisemnego wniosku.

iii. **FA ze wszystkimi ustalonymi warunkami, z większą liczbą dostawców**

CPB wchodzi w skład FA z trzema lub więcej dostawcami na okres do czterech lat. Jeżeli CPB nie otrzyma trzech lub więcej ofert, które spełniają kryteria wyboru, może przystąpić do FA z mniejszą liczbą odpowiednich dostawców, jeżeli zezwala na to prawo. Kontrakty na wezwanie na podstawie FA będą zawierane bezpośrednio przez CA na podstawie warunków FA. W przypadku, gdy najlepszy dostawca nie jest w stanie zrealizować dostawy, umowa zostanie zawarta z następnym najlepszym dostępnym dostawcą. Właściwe organy w rozsądnym terminie - na przykład w ciągu siedmiu dni od zawarcia umowy.

iv. **FA bez ustalonych warunków, z większą liczbą dostawców**

CPB wchodzi w skład FA z co najmniej trzema dostawcami na okres do czterech lat. Jeżeli nie ma trzech lub więcej ofert spełniających kryteria wyboru, CPB może przystąpić do FA z mniejszą liczbą odpowiednich dostawców, jeżeli zezwala na to prawo.

4. UMOWY RAMOWE TO OSZCZĘDNOŚĆ CZASU

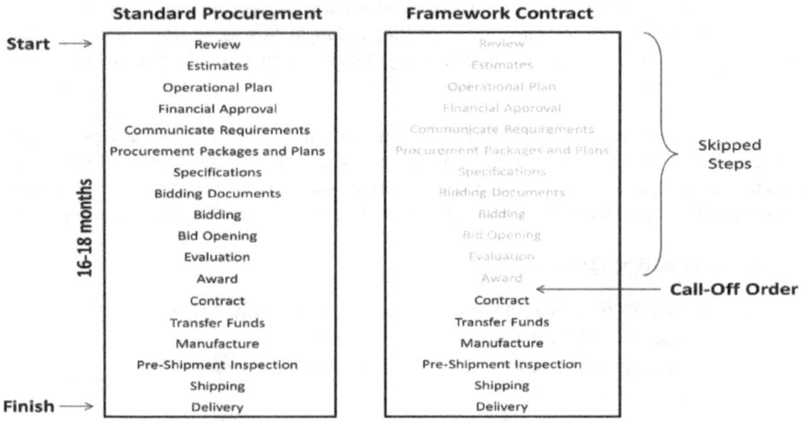

Adapted from Hussain et al. 2012 [10]

5. DYREKTYWA 2014/24/EU USTANAWIAJĄCA NOWE WYMOGI, KTÓREJ CELEM JEST

- Stworzenie nowoczesnych ram prawnych w zakresie zamówień publicznych.
- Zapewnienie skuteczności zamówień publicznych i korzystnego stosunku jakości do ceny.
- Uprościć zasady i uczynić je bardziej elastycznymi.
- Zmniejszenie obciążeń administracyjnych dla władz publicznych i wykonawców.
- Ułatwianie udziału małych i średnich przedsiębiorstw (MŚP).
- Stymulowanie większej konkurencji na całym europejskim jednolitym rynku.
- Przejście na elektroniczne zaopatrzenie.

- Promowanie innowacji i przyczynianie się do lepszego wykorzystania zasobów.

Nowe przepisy dyrektywy, które są istotne dla BP, obejmują również:

- Podział na części jest obowiązkowy w celu wspierania MŚP. Jeśli FA nie jest podzielony na partie, musi być uzasadniony.
- Może istnieć ograniczenie liczby partii przyznanych temu samemu dostawcy.
- Należy zezwolić na bezpośrednie płatności na rzecz podwykonawców.
- Standardowym kryterium udzielenia zamówienia będzie oferta najkorzystniejsza ekonomicznie (MIĘSO), choć w niektórych przypadkach można nadal stosować najniższą cenę.
- Wymagania finansowe w zakresie obrotu nie powinny przekraczać co najwyżej dwukrotności szacunkowej wartości zamówienia, z wyjątkiem należycie uzasadnionych przypadków, takich jak te związane ze szczególnym ryzykiem związanym z charakterem zamówienia.

6. WYBÓR PROCEDURY UDZIELANIA ZAMÓWIEŃ

- **Procedura otwarta** - w ramach której wszyscy zainteresowani mogą odpowiedzieć na ogłoszenie w Dz.U. UE poprzez złożenie oferty na zamówienie.
- **Procedura ograniczona** - w ramach której wybór dokonywany jest spośród tych, którzy odpowiadają na ogłoszenie i tylko oni są zaproszeni do złożenia oferty na zamówienie.
- **Procedura dialogu konkurencyjnego** - w ramach której dokonywana jest selekcja tych, którzy odpowiedzą na ogłoszenie, a instytucja zamawiająca nawiązuje dialog z potencjalnymi oferentami w celu opracowania jednego lub kilku rozwiązań odpowiednich dla jej wymagań i na podstawie której wybrani oferenci zostaną zaproszeni do składania ofert.
- **Procedura konkursowa z negocjacjami** - w ramach której dokonywany jest wybór tych, którzy odpowiedzą na ogłoszenie i tylko oni zostaną zaproszeni do złożenia wstępnej oferty na zamówienie. Instytucja zamawiająca może następnie rozpocząć negocjacje z oferentami w celu poszukiwania lepszych ofert.
- **Procedura partnerstwa innowacyjnego** - w ramach której dokonywana jest selekcja tych, którzy odpowiadają na ogłoszenie, a instytucja zamawiająca stosuje podejście negocjacyjne w celu zaproszenia dostawców do zgłaszania pomysłów na opracowanie innowacyjnych robót budowlanych, dostaw lub usług mających na celu zaspokojenie zapotrzebowania, dla którego nie ma odpowiedniego "produktu" istniejącego na rynku. Instytucja zamawiająca może przyznawać partnerstwa więcej niż jednemu dostawcy.

W pewnych ściśle określonych okolicznościach instytucja zamawiająca może również udzielić zamówienia z zastosowaniem "procedury negocjacyjnej bez uprzedniej publikacji". W tym przypadku instytucja zamawiająca zwróciłaby się do jednego lub kilku dostawców w celu wynegocjowania warunków zamówienia. Jedną z dozwolonych okoliczności jest sytuacja, w której ze względów technicznych lub artystycznych lub z powodu ochrony praw wyłącznych, umowa może być realizowana wyłącznie przez konkretnego dostawcę.

Instytucje zamawiające mają swobodę wyboru pomiędzy procedurą otwartą a procedurą ograniczoną. **Procedura dialogu konkurencyjnego oraz procedura konkurencyjna z negocjacjami są dostępne, jeżeli spełnione są pewne kryteria, w tym jeżeli zamówienie jest złożone lub nie może zostać zakupione "z półki".** Procedura negocjacyjna bez

uprzedniej publikacji" może być stosowana jedynie w ograniczonych okolicznościach opisanych w dyrektywie w sprawie zamówień publicznych.
Instytucje zamawiające stosujące procedurę ograniczoną, procedurę dialogu konkurencyjnego oraz procedurę konkurencyjną z negocjacjami muszą dążyć do wybrania takiej liczby dostawców, która zapewni prawdziwą konkurencję. O ile istnieje wystarczająca liczba odpowiednich kandydatów, dyrektywa w sprawie zamówień publicznych wymaga minimum pięciu w przypadku procedury ograniczonej oraz trzech w przypadku dialogu konkurencyjnego i procedury konkurencyjnej z negocjacjami.

7. ETAPY PROCESU UDZIELANIA ZAMÓWIEŃ

- **Etap specyfikacji** - należy opisać wymogi, unikając nazw marek i innych odniesień, które skutkowałyby faworyzowaniem lub eliminowaniem poszczególnych dostawców, produktów lub usług oraz wymogu uznania równoważności. Zachęca się do korzystania ze specyfikacji wydajnościowych. **Nowa dyrektywa w sprawie zamówień publicznych jasno określa również, że istnieją pewne możliwości włączenia do specyfikacji kwestii równości (np. kwestii dostępu dla osób niepełnosprawnych) i kwestii społecznych/środowiskowych (np. wymóg zgodności z etykietami społecznymi lub środowiskowymi).** Jeżeli chodzi o kwestie społeczne/środowiskowe, instytucje zamawiające mogą również określić procesy i metody produkcji, o ile są one związane z przedmiotem zamówienia.
- **Etap selekcji** - istnieje szereg podstaw do wykluczenia dostawców na podstawie dowodów nieprzydatności, z których niektóre są obowiązkowe. Przyczyny obejmują skazanie za niektóre przestępstwa (obowiązkowe), niepłacenie podatków (obowiązkowe) **i wcześniejsze słabe wyniki, które doprowadziły do wcześniejszego rozwiązania umowy, odszkodowania lub inne porównywalne sankcje (uznaniowe).** Niektóre z powodów obowiązkowego wykluczenia uzależnione są od podjęcia przez dostawcę działań naprawczych, np. zmian organizacyjnych. **Istnieją ustawowe ograniczenia czasu trwania każdego okresu wykluczenia.**
- **Warunki ekonomiczno-finansowe** - Dostawców, którzy nie zostali wykluczeni, można następnie ocenić na podstawie ich sytuacji ekonomicznej i finansowej, np. czy osiągają odpowiedni poziom stabilności finansowej. **Dyrektywa w sprawie zamówień publicznych wymaga, aby w przypadku gdy jest to oceniane na podstawie obrotu, nie przekraczało dwukrotności wartości zamówienia.**
- **Możliwości techniczne - Dostawcy mogą być również oceniani na podstawie ich możliwości technicznych i zdolności, np. czy będą odpowiednio wyposażeni do wykonywania zadań i czy ich osiągnięcia są zadowalające.**
- **Etap udzielenia zamówienia - udzielenie zamówienia musi opierać się na ofercie najkorzystniejszej ekonomicznie dla danej instytucji (MEAT).** Może to jednak obejmować ocenę wyłącznie na podstawie ceny/kosztów, jak również inne metody, w tym "najlepszy stosunek ceny do jakości" (odpowiednik stosunku wartości do ceny), które mogą obejmować wymogi społeczne i środowiskowe, pod warunkiem że odnoszą się one do zamówienia.

8. KWESTIE, KTÓRE NALEŻY ODNOTOWAĆ

Przy udzielaniu zamówień można uwzględnić pełną kalkulację kosztów cyklu życia; może to zachęcić do udzielania bardziej zrównoważonych i/lub bardziej wartościowych zamówień, które mogą przynieść oszczędności w dłuższej perspektywie czasowej, mimo że w wyniku wstępnej analizy wydają się być bardziej kosztowne.

Dyrektywa w sprawie zamówień publicznych nakłada również na instytucję zamawiającą obowiązek zbadania ofert, które uważa za nienormalnie niskie, oraz pominięcia tych, które opierają się na podejściach naruszających międzynarodowe prawo ochrony środowiska lub prawo społeczne.

9. KALKULACJA KOSZTÓW CYKLU ŻYCIA

Rachunek kosztów cyklu życia zgodnie z rozporządzeniem 68 w sprawie zamówień publicznych, Zjednoczone Królestwo 2015 r.

1. Rachunek kosztów cyklu życia obejmuje, w odpowiednim zakresie, część lub całość następujących kosztów w całym cyklu życia produktu, usługi lub prac:-
   a) Koszty ponoszone przez instytucję zamawiającą lub innych użytkowników, takie jak
      i. Koszty związane z nabyciem,
      ii. Koszty użytkowania, takie jak zużycie energii i innych zasobów,
      iii. Koszty utrzymania,
      iv. Koszty związane z zakończeniem eksploatacji, takie jak koszty zbiórki i recyklingu;
   b) Koszty przypisywane zewnętrznym skutkom środowiskowym związanym z produktem, usługą lub obiektem budowlanym w trakcie jego cyklu życia, pod warunkiem że można określić i zweryfikować ich wartość pieniężną.
2. Koszty wymienione w ust. 1 lit. b) mogą obejmować koszty emisji gazów cieplarnianych i innych zanieczyszczeń oraz inne koszty łagodzenia zmian klimatu.
3. Metoda zastosowana do oceny kosztów przypisanych środowiskowym efektom zewnętrznym musi spełniać wszystkie poniższe warunki:-
   a) Opiera się ona na obiektywnie weryfikowalnych i niedyskryminacyjnych kryteriach, a w szczególności, w przypadku gdy nie została ustalona dla wielokrotnego lub ciągłego stosowania, nie może w nieuzasadniony sposób faworyzować ani działać na niekorzyść niektórych podmiotów gospodarczych;
   b) Jest on dostępny dla wszystkich zainteresowanych stron;
   c) Wymagane dane mogą być dostarczane z rozsądnym wysiłkiem przez normalnie rzetelne podmioty gospodarcze, w tym podmioty gospodarcze z państw trzecich będących stronami GPA lub innych umów międzynarodowych, którymi związana jest UE.
4. W przypadku gdy instytucje zamawiające oceniają koszty przy zastosowaniu podejścia opartego na rachunku kosztów cyklu życia, w dokumentach specyfikujących zamówienie podają one - w dokumentach specyfikujących zamówienie.
   a) Dane, które mają być dostarczone przez oferentów, oraz
   b) Metoda, którą instytucja zamawiająca będzie stosować w celu określenia kosztów cyklu życia na podstawie tych danych.
5. W każdym przypadku gdy akt ustawodawczy UE wprowadza obowiązek stosowania wspólnej metody obliczania kosztów cyklu życia, metoda ta jest stosowana do oceny kosztów cyklu życia.

6. Wykaz takich aktów ustawodawczych oraz, w razie potrzeby, aktów delegowanych je uzupełniających, znajduje się w załączniku XIII do dyrektywy w sprawie zamówień publicznych, z późniejszymi zmianami.

10. Wybór dostawców

- Znacznie prostszy proces oceny wiarygodności oferentów, polegający na częstszym stosowaniu oświadczeń własnych dostawców, w którym tylko zwycięski oferent powinien być zobowiązany do przedłożenia różnych zaświadczeń i dokumentów potwierdzających jego status.
- Złe wykonanie w ramach poprzednich zamówień jest wyraźnie dozwolone jako podstawa do wykluczenia.
- Różne lepsze zabezpieczenia przed korupcją:

  Wymogi wobec instytucji zamawiających w zakresie wprowadzenia odpowiednich zabezpieczeń przed konfliktem interesów. Przepisy te nie określają, jakie powinny być zabezpieczenia, ale zgodność z nimi można by osiągnąć na przykład poprzez powszechną obecnie praktykę stosowaną przez wiele brytyjskich instytucji zamawiających, gdzie pracownicy odpowiedzialni za zamówienia podpisują oświadczenia potwierdzające, że nie mają żadnych zewnętrznych interesów z oferentami itp.
- Terminy wykluczenia dostawców (nie więcej niż 3 lub 5 lat w zależności od przyczyny wykluczenia).
- Dostawcy, którzy zostali wykluczeni z udziału w zamówieniach publicznych z powodu złych praktyk, mogą zostać wykluczeni, jeżeli skutecznie "oczyszczą się sami".

11. Podstawowe różnice pomiędzy kontraktami w zakresie inżynierii, zamówień publicznych i budownictwa (EPC) a umową ramową (FA)

EPC	FA
Inżynieria, Zakupy i Budowa (EPC) to opcja kontraktowa, w której Wykonawca EPC jest odpowiedzialny za wszystkie działania, od projektu do zamówienia i budowy w celu dostarczenia składnika aktywów użytkownikowi końcowemu lub właścicielowi. Znany również jako Design and Construct (Lump Sum Turn Key jest formą EPC). Generalnie w przypadku kontraktu EPC klient ma mniejszy wpływ na opracowanie projektu, a wykonawca podejmuje większe ryzyko.	Ramy są "umowami ramowymi", które określają warunki - w szczególności odnoszące się do ceny, jakości i ilości - na jakich poszczególne zamówienia (odwołania) mogą być udzielane przez cały okres trwania umowy (zazwyczaj maksymalnie przez 4 lata). Są one zazwyczaj stosowane, gdy nabywca lub nabywcy identyfikują zapotrzebowanie na określone produkty lub usługi, ale nie są pewni ich zakresu lub ram czasowych.
Oferent jest wybierany na podstawie najniższej ceny.	Generalnie wybierana jest oferta MEAT (Most Economically Advantageous Tender).
Dla każdego przetargu EPC istnieje osobny przetarg.	Dla instytucji zamawiającej umowa ramowa przynosi korzyści w postaci zmniejszenia kosztów przetargowych. Oczywiście, jeżeli będzie w stanie przeprowadzić jeden przetarg na dziesięć

	projektów, a nie przetarg na każdy z nich z osobna, to będzie to korzystne pod względem kosztów.

12. Niewiele przykładów umów ramowych między Indiami a innymi krajami

1. **umowa ramowa o współpracy gospodarczej - umowa między Radą Współpracy Państw Zatoki Perskiej (RWPZ) a Indiami -**
   https://investmentpolicy.unctad.org/international-investment-agreements/treaties/treaties-with-investment-provisions/3354/gcc-india-framework-agreement
   Rodzaj i data traktatu - traktaty z przepisami dotyczącymi inwestycji, 25/08/2004
2. **Umowa ramowa między Indiami a Indonezją** - współpraca w zakresie badania i wykorzystania przestrzeni kosmicznej do celów pokojowych, 30/05/2018 r.
   http://pib.nic.in/newsite/PrintRelease.aspx?relid=188152
3. **Umowa ramowa między Indiami i USA** - przewidująca wspólny rozwój i produkcję sprzętu i technologii obronnych, w tym silników odrzutowych, projektowanie i budowę lotniskowców, w 2015 r.
   https://economictimes.indiatimes.com/news/defence/india-us-ink-new-defence-framework-accord/articleshow/47532025.cms
4. **The Association of South East Asian Nations and India - on Comprehensive Economic Cooperation, on 2002**
   https://commerce.gov.in/PageContent.aspx?Id=124

Cele

- Wzmocnienie i zacieśnienie współpracy gospodarczej, handlowej i inwestycyjnej.
- Stopniowa liberalizacja i promowanie handlu towarami i usługami, a także stworzenie przejrzystego, liberalnego i ułatwiającego inwestycje systemu.
- Zbadanie nowych obszarów i opracowanie odpowiednich środków na rzecz ściślejszej współpracy gospodarczej między Stronami.
- Ułatwianie skuteczniejszej integracji gospodarczej nowych państw członkowskich ASEAN i zmniejszanie różnic w rozwoju między stronami.
- Utworzenie strefy wolnego handlu (FTA) w zakresie towarów, usług i inwestycji oraz wzmocnienie i wzmocnienie współpracy gospodarczej.

13. Odwołania

Jeżeli umowa ramowa jest przyznawana tylko jednemu dostawcy, nabywca może po prostu odwołać się od niego w dowolnym momencie. Jeśli ramy są przyznawane kilku dostawcom, istnieją dwa sposoby, w jaki można przeprowadzić wezwania:

- Jeżeli warunki określone w umowie ramowej są wystarczająco szczegółowe, aby nabywca mógł wskazać najlepszego dostawcę dla danego wymogu, może on udzielić zamówienia bezpośrednio.
- Jeżeli nabywca nie jest w stanie określić, który dostawca mógłby zaoferować mu najlepszy stosunek jakości do ceny w odniesieniu do danego wymogu, można przeprowadzić minikonkurencję między wszystkimi zatwierdzonymi dostawcami.
-

14. Zalety i wady umowy ramowej

Zalety

Dla dostawców

- Możliwość uzyskania wielu zamówień.
- Zmniejszenie obciążeń administracyjnych dzięki usprawnionej procedurze.
- Szansa na zbudowanie trwałych relacji roboczych z wieloma nabywcami.

Dla kupujących

- Mniej przestojów między rozpoznaniem potrzeby a jej spełnieniem.
- Zmniejszenie kosztów administracyjnych wraz z likwidacją procesu OJEU dla każdego wymogu.
- Potencjalne oszczędności dzięki korzyściom skali - dostawcy mogą oferować bardziej konkurencyjne ceny.

Wady

Dla dostawców

- Nie ma gwarancji biznesowej, nawet jeśli zostałeś wybrany jako zatwierdzony dostawca.
- Dostawcy, którzy nie zostaną wybrani na etapie selekcji, są wykluczeni z wszelkich wezwań na czas trwania umowy.

Dla kupujących

- Ramy nie reagują na zmiany. Na rynku mogą pojawić się nowi dostawcy i/lub nowe rozwiązania, które nie zostały uwzględnione w momencie początkowego ustanowienia porozumienia.
- Stosują one podejście "jeden rozmiar dla wszystkich", co może utrudniać nabywcom realizację ich własnych celów w zakresie zamówień.

15. Przepisy zgodnie z rozporządzeniami o zamówieniach publicznych

Bank Światowy - Procurement Regulations for Investment Project Financing (IPF) Borrowers for Goods, Works, Non Consulting and Consulting Services (zmieniony w sierpniu 2018 r.).

Postanowienia punktów od 6.57 do 6.59 (FA dla Towarów, Robót i Usług Niekonsultingowych), punkt 7.33 (FA dla Usług Konsultacyjnych) oraz opisuje minimalne wymagania dla ustanowienia FA dla kontraktów finansowanych przez Bank za pośrednictwem IPF. W załączniku XV - Umowa ramowa została opracowana.

Regulamin udzielania zamówień publicznych dla kredytobiorców **ADB** na towary, roboty budowlane, usługi niezwiązane z doradztwem i konsultacjami - W punkcie 2.8. zawarto postanowienie dotyczące umów ramowych.

++++

IX. DOKUMENT TECHNICZNY DOTYCZĄCY POJAWIAJĄCYCH SIĘ WYZWAŃ W PROJEKTACH NAWADNIANIA OPARTYCH NA SIECIACH DYSTRYBUCJI RUR

Autor:

Sabarna Roy
Senior Vice President (Business Development),
Electrosteel Castings Limited,
G. K. Tower, 19, Camac Street,
Kolkata - 700017.
Email: sabarnaroy@electrosteel.com
Telefon ręczny nr +91 9830066086, +91 9836806086

1. WPROWADZENIE

Jednym z głównych osiągnięć w tej dekadzie było planowane przejście z projektów irygacyjnych opartych na sieci dystrybucji kanałów na projekty irygacyjne oparte na sieci dystrybucji rur.
Projekty nawadniania oparte na sieci rur wymagają zasilania w energię elektryczną w celu doprowadzenia wody przez zamknięte przewody. Kolejną innowacją było włączenie elektrowni słonecznych do dużych projektów irygacyjnych.

Wyzwania pojawiające się w ramach projektu nawadniania opartego na sieci dystrybucji rur są następujące: -

1. Sedymentacja i udławienie się rurociągów.
2. Grunty pod zintegrowane elektrownie słoneczne dla dużych projektów irygacyjnych.
3. Subsydia energetyczne wymagane w państwach, w których nie ma sieci energetycznych, takich jak Jharkhand.
4. Niezbędne są inwestycje w budowę oczyszczalni ścieków i systemów kanalizacyjnych do wykorzystania wody recyrkulowanej do celów irygacyjnych.

2. PRZEPISY PODRĘCZNIKA CENTRALNEGO KOMITETU DS. WODY W SPRAWIE USTALEŃ DOTYCZĄCYCH POBORU I ODPROWADZANIA WODY

2.1 Osadniki rur

Systemy konwencjonalne, takie jak baseny osadowe, są dość skuteczne w zmniejszaniu zawartości osadów w całym systemie. Co więcej, konwencjonalny system z osadnikami rurowymi ma większą skuteczność w kontrolowaniu szybkości osadu. Wydajność osiadania basenu zależy przede wszystkim od powierzchni i jest niezależna od głębokości. Próbowano wykorzystać tę koncepcję w celu osiągnięcia lepszej wydajności i oszczędności w przestrzeni kosmicznej, a także kosztów. Szerokie, płytkie tace umieszczone w konwencjonalnych basenach w celu zwiększenia ich powierzchni nie sprawdziły się. Jednak bardzo małe średnice rur o dużym zwilżonym obwodzie w stosunku do powierzchni zwilżonej, zapewniającym laminarne warunki przepływu i niski współczynnik obciążenia powierzchniowego, okazały się obiecujące. Takie urządzenia do osadzania rur zapewniają doskonałe wyjaśnienie przy czasie zatrzymania równym lub krótszym niż 10 minut.

2.2 Zasada działania osadników rur

Osadniki rurowe lub płytowe pochyłe są przykładami osadników wysokowydajnych. To, co robimy, to dostarczanie nadmiaru powierzchni, aby zmniejszyć jej przelewanie. Posiadamy zbiornik sedymentacyjny o głębokości około 3,5 metra, więc jeśli dostarczymy wiele płyt równolegle w strefie osiadania, co spowoduje, że powierzchnia efektywna będzie się zwiększać, ponieważ dostępnych jest wiele powierzchni do osiadania lub dostępnych jest wiele płaszczyzn do osiadania. Tak więc, efektywnie to, co się wydarzy, to znaczne zmniejszenie przelewu powierzchniowego lub innymi słowy, zwiększenie wydajności zbiornika. Taka jest zasada działania tych osadników rur.

2.3 Udławienie się rur przez nadmiar mułów

Do płukania rur należy zachować minimalne prędkości. Podczas pierwszego nawadniania należy pozostawić otwarte zawory spustowe, aby wypłukać osadzające się ciała obce.

2.4 Wielkość mułów do usunięcia

Cząsteczki mułu o rozmiarze większym niż 150 mikronów należy usunąć, aby zapobiec zatykaniu się dyszy punktów kroplujących w mikro-nawadnianiu.

2.5 Dopuszczalna prędkość

Gdy woda jest bogata w muł, prędkość projektowa sieci wodociągowej nie powinna być niższa niż prędkość nieosilania. Prędkość nie zamulania powinna być określana w drodze eksperymentów. Maksymalna prędkość może być ograniczona do 3,0 m/s.

Projektanci muszą określić średnice rur i natężenia przepływu, które pozwolą na uzyskanie minimalnej prędkości roboczej wody, zwłaszcza w przypadku systemów nawadniania wykorzystujących emitery o małych otworach, takie jak kroplówki i mikrozraszacze. Dzięki temu wszelkie osady lub ciała stałe zostaną przepłukane przez przewody. Minimalna prędkość nie powinna być mniejsza niż 0,6 m/s.

2.6 Jednostka filtrująca

Pomaga w infiltracji wody do mikro nawadniania, aby zapobiec zatykaniu się wody z powodu fizycznych i biologicznych zanieczyszczeń obecnych w źródle wody. Istnieje wiele rodzajów filtrów, takich jak filtr piaskowy, filtr tarczowy itp. Typ filtra powinien być dobrany z uwzględnieniem jakości wody i rodzaju osadów. Specyfikacje powinny potwierdzać odpowiednie kody BIS.

Poniżej przedstawiono typowy obraz urządzenia filtrującego:

3. ODSĄCZANIE WODY I WYKORZYSTYWANIE OCZYSZCZONYCH ŚCIEKÓW JAKO WODY DO NAWADNIANIA Z RECYRKULACJĄ

-Rzeki wieloletnie są obciążone mułem i powodują udławienie się w rurociągach. Rzeki półwyspu są zalewane podczas monsunów i powodują erozję brzegową gromadzącą muł w zaporach i zbiornikach.

-Zalesianie wzdłuż brzegów rzek może zapobiegać erozji gleby, co z kolei zmniejsza problem zamulania.

-Szkodliwe chemikalia muszą być oczyszczone przed wypuszczeniem do wody, aby zapobiec uszkodzeniu rur.

-Większa powierzchnia jest wymagana do operacji desilowania. Do oczyszczalni ścieków należy wybrać odpowiednie miejsce składowania. Niebezpieczne produkty po oczyszczeniu ścieków powinny być wyrzucane na składowisko odpadów sanitarnych.

-Wpływ oczyszczonych ścieków na uprawy różni się w zależności od gatunku i źródła zanieczyszczeń. Przed przystąpieniem do recyklingu w celu nawadniania należy przeprowadzić wszechstronne badania dotyczące składu ścieków i charakteru upraw.

-Należy podjąć wysiłki w celu zapobieżenia biomagnifikacji.

-Rozcieńczanie jest prostą techniką, ale wymaga dużo czasu.

-Woda świeża powinna być mieszana ze ściekami podczas aplikacji na polach. Konieczny jest stały monitoring. Nawadnianie kropelkowe może być skutecznym sposobem dostarczania ścieków do nawadniania w wymaganym stężeniu.

-Świadomość społeczna w celu usunięcia błędnych przekonań na temat wykorzystania ścieków pochodzących z recyklingu w rolnictwie jest niezbędna.

Przyszłość recyklingu wody w Indiach

-Oczyszczone ścieki będą wykorzystywane jako niezawodne źródło wody do nawadniania bez uszczerbku dla zdrowia i żyzności gleby.

-Opracowany zostanie mechanizm usuwania i utylizacji mułów roślinnych, a ich wykorzystanie w rolnictwie będzie musiało obniżyć koszty nawożenia.

-Zwiększa się ilość ścieków, których nie można wykorzystać.

-Leczenie odpływowe wymaga mniej energii niż odsalanie i jest wygodniejsze.

-Opracowane zostanie zrównoważone i efektywne kosztowo podejście do oczyszczania ścieków.

-Wymagany będzie udział społeczeństwa w procesie odsalania i oczyszczania ścieków.

-Pięć filarów ochrony wód: zbieranie wody deszczowej; rozsądne wykorzystanie wody przez jednostki, rolnictwo, przemysł; wykorzystanie technologii do zasilania wód gruntowych, oczyszczania ścieków i odsalania; ponowne wykorzystanie i recykling wody; oraz zalesianie muszą być ściśle przestrzegane przez ludzi i rządy.

-Państwa muszą być częścią ruchu "Jan Andolan" zainicjowanego przez Centrum. Do marca 2020 r. rząd zakończy sporządzanie map warstw wodonośnych w 256 dzielnicach dotkniętych problemami wodnymi.

- Skoro Indie stoją w tym roku w obliczu najpoważniejszego kryzysu wodnego, ochrona struktur irygacyjnych poprzez desiltrację i przyjęcie procesów recyklingu ścieków jest potrzebą godziny.

4. POZYTYWNE PERSPEKTYWY DLA SYSTEMÓW IRYGACYJNYCH ZASILANYCH ENERGIĄ SŁONECZNĄ

4.1 Gospodarka wodna

Słoneczne pompy irygacyjne mogą również powodować niezrównoważone pozyskiwanie wód gruntowych, ponieważ rolnicy mogą starać się powiększać powierzchnie upraw lub przestawiać się na uprawy bardziej intensywnie wykorzystujące wodę. Na przykład około 30 procent warstw wodonośnych w Indiach jest już uwzględnionych w stanie krytycznym.

Choć nawadnianie kropelkowe na zamówienie może prowadzić do oszczędności wody, to założenie, że będzie ono automatycznie przeprowadzane na poziomie gospodarstwa, jest błędem, jak mówi raport. Decyzje dotyczące polityki nawadniania powinny być podejmowane po właściwym rozliczeniu wody na większych obszarach terytorialnych, ponieważ opady deszczu, wody powierzchniowe, wody gruntowe, wilgotność gleby i procesy parowania związane z różnymi rodzajami użytkowania gruntów są częścią tego samego cyklu hydrologicznego.

Nowoczesne systemy zasilane energią słoneczną oferują użyteczne narzędzia do poprawy zarządzania wodą, dzięki elektronicznym urządzeniom sterującym, które mogą w czasie rzeczywistym wprowadzać dane dotyczące poziomu w zbiorniku magazynowym, prędkości pompy i poziomu wody w odwiercie, co może ostatecznie doprowadzić do podjęcia decyzji regulacyjnych w celu zapobieżenia nadmiernemu zużyciu na odległość. Zarówno Indie, jak i Egipt eksperymentują z takim podejściem.

Realną alternatywą jest ustalenie opłat za wodę w stosunku do obliczeń podaży i popytu określonych za pomocą zdjęć satelitarnych i termowizyjnych, co jest techniką łatwiejszą nawet na poziomie poszczególnych pól dzięki otwartemu portalowi wydajności wodnej FAO (WaPor).

Jednym z głównych zaleceń FAO dotyczących szerszego stosowania nawadniania wykorzystującego energię słoneczną jest zapewnienie, że woda nie będzie pobierana bez odpowiedniego planu gospodarki wodnej.

5. WYKONALNOŚĆ UZDATNIANIA WODY Z OCZYSZCZALNI ŚCIEKÓW DO WYKORZYSTANIA W NAWADNIANIU Z ODPOWIEDNIM SYSTEMEM TRANSPORTOWYM: STUDIUM PRZYPADKU PATNA CITY

Proponuje się, aby ścieki powstające w mieście Patna były oczyszczane w sześciu Oczyszczalniach Ścieków. Początkowo zaproponowano odprowadzenie tej oczyszczonej wody do Badshahi nalla, która kończy się w rzece Punpun, która z kolei spotyka się z rzeką Ganga. Ten zagadnienie poważnie przeglądać i Ono proponować the Rząd Bihar nie pozwalać ten STP woda w nad kanał ale ten leczyć ten leczyć woda dla irygacja Cel.

5.1 OBECNY STATUS

Istnieją już oczyszczalnie ścieków w Beur, Saidpur, Pahadi i Kankarbagh oraz Karmalichak. Efektywność przetwarzania istniejących STP nie mieści się w dopuszczalnych standardach. Dlatego BUIDCO zaproponowało budowę nowych oczyszczalni ścieków z najnowszą technologią SBR w celu podniesienia standardów odpływu oczyszczonej wody.

5.2 POTRZEBA PROJEKTU

Oczyszczona woda z tych wszystkich sześciu STP to około 370 MLD. Ta ogromna ilość wody ma wysoką jakość, która może być wykorzystana w rolnictwie.

Rząd Bihar słusznie identyfikować the potencjał ten jakość woda dla irygacja i proponować the DPR, che zaciągać the szczegół the ziemia z różnorodny technicznie wykonalny alternatywa.

6. GRUNTY POD ZINTEGROWANE ELEKTROWNIE SŁONECZNE DLA DUŻYCH PROJEKTÓW IRYGACYJNYCH

Elektrownie słoneczne wymagają niezmiennie dużych brył ziemi, aby ich instalacja była skuteczna. Jednym z kluczowych wyzwań jest uzyskanie prawa własności do takich gruntów od prywatnych właścicieli.
Kiedy zaczęliśmy propagować ideę przejścia z nawadniania kanałowego na nawadnianie rurkowe, właściciele zakładów energetycznych pytali o to, w jaki sposób mogliby pozyskać dodatkowe koszty energii elektrycznej potrzebnej w sieciach nawadniających z wykorzystaniem rur ciśnieniowych, ponieważ każdy stan w Indiach nie ma subsydiowanych stawek za energię elektryczną dla rolników. Zastanowiliśmy się nad tym problemem, skonsultowaliśmy się z odpowiednimi ekspertami i zaproponowaliśmy rozwiązanie polegające na zintegrowaniu projektów nawadniania za pomocą rur z elektrowniami słonecznymi. Trzeba zrozumieć, że w przypadku projektów irygacyjnych, w przeciwieństwie do projektów związanych z zaopatrzeniem w wodę, woda nie jest pompowana i transportowana przez 365 dni, a raczej jest pompowana i transportowana przez 4 do 6 miesięcy w trakcie sezonu uprawowego. Więc, potrzebujesz mocy na 4 do 6 miesięcy.

Rozwiązaniem jest zintegrowanie tych Elektrowni Słonecznych z państwową/krajową siecią energetyczną, z której energia będzie pobierana przez 4 do 6 miesięcy w sezonie zbiorów według stałej taryfy, a w miesiącach bilansowych projekt irygacyjny w połączeniu z Elektrownią Słoneczną staje się sprzedawcą energii elektrycznej do państwowej/krajowej sieci energetycznej. Tak więc, jeśli wziąć pod uwagę całkowite dochody wydane i zarobione w danym roku na taki projekt irygacyjny, roczny koszt energii staje się zerowy. Model ten jest obecnie stosowany we wszystkich postępowych państwach, takich jak parlamentarzyści i Radżastan, i w nadchodzących latach stanie się on bardziej popularny.

Aby umożliwić integrację elektrowni słonecznych z dużymi projektami irygacyjnymi, niezbędne jest, aby państwa ustanowiły odpowiednią politykę w celu ułatwienia realizacji i wykonania takich projektów w możliwie najszybszy sposób.

7. SUBSYDIA ENERGETYCZNE WYMAGANE W STANACH, W KTÓRYCH NIE MA SIECI ENERGETYCZNYCH, JAK NP. JHARKHAND

Są stany, jak Jharkhand, w których nie ma państwowej sieci energetycznej. Tak więc, nawet jeśli masz Elektrownię Słoneczną, nie możesz zarabiać na projekcie, ponieważ nie możesz zintegrować Elektrowni Słonecznej z nieistniejącą siecią. To jest problem, który nie został jeszcze rozwiązany.

Rozwiązanie w tych stanach można sobie wyobrazić w następujących wierszach: -

1. Dotacje na energię elektryczną / zachęty do realizacji projektów irygacyjnych do czasu wdrożenia sieci w państwie.
2. Najszybsze wdrożenie sieci w stanie.

8. INWESTYCJE NIEZBĘDNE DO BUDOWY OCZYSZCZALNI ŚCIEKÓW I SYSTEMÓW KANALIZACYJNYCH WYKORZYSTUJĄCYCH WODĘ Z RECYKLINGU DO CELÓW IRYGACYJNYCH

Wniosek z badania przypadku Patna jest następujący:

Rząd Unii podkreślił, że oczyszczone ścieki z oczyszczalni ścieków wybudowanych w ramach Krajowego Planu Ochrony Rzeki są ponownie wykorzystywane w rolnictwie, przemyśle i innych celach, tam gdzie to możliwe. Jako takie, studium przypadku wykorzystania wody oczyszczonej z 6 oczyszczalni ścieków do celów irygacyjnych z odpowiednim systemem transportu wchodzi w ramy ogólnej polityki ochrony wód, podejścia i filozofii rządu Unii. Ten rodzaj projektów musi być opracowany, sfinansowany i wdrożony w całych Indiach w ramach ogólnej misji Ministerstwa Jal Shakti, rządu Indii.

Dla polityki ochrony zasobów wodnych kluczowe znaczenie ma to, że jesteśmy w stanie wykorzystywać coraz więcej poddanych recyklingowi/oczyszczonych niesepekcyjnych ścieków do celów irygacyjnych, tak aby inne podstawowe źródła wody mogły być wykorzystywane do celów związanych z wodą pitną dla ludzi i zwierząt gospodarskich.

Staraliśmy się w przejrzysty sposób przedstawić niektóre z podstawowych pojawiających się wyzwań, dla których konieczne są dalsze dyskusje w celu wprowadzenia ulepszeń i modyfikacji w odpowiednim czasie.

+++

FSC
www.fsc.org
MIX
Papier | Fördert gute Waldnutzung
FSC® C083411

Kolibri 360 GmbH
Ferdinand-Jühlke-Straße 7
99095 Erfurt, Deutschland
produktsicherheit@kolibri360.de

Druck:
CPI Druckdienstleistungen GmbH
im Auftrag der
Kolibri 360 GmbH
Ferdinand-Jühlke-Str. 7
99095 Erfurt